茶树品种

名优茶

与

MINGYOU CHA
YU CHASHU
PINZHONG

虞富莲

汪云刚 编著

U0318809

YNK 云南科技出版社

·昆 明·

图书在版编目（CIP）数据

名优茶与茶树品种 / 虞富莲，汪云刚编著. -- 昆明：云南科技出版社，2024. 10. -- ISBN 978-7-5587-6002-0

Ⅰ. S571.1

中国国家版本馆 CIP 数据核字第 2024FQ2028 号

名优茶与茶树品种
MINGYOU CHA YU CHASHU PINZHONG

虞富莲　汪云刚　编著

出 版 人：温　翔
责任编辑：吴　涯　张翟贤　杨　楠
整体设计：长策文化
责任校对：孙玮贤
责任印制：蒋丽芬

书　　号：ISBN 978-7-5587-6002-0
印　　刷：昆明木行印刷有限公司
开　　本：787mm×1092mm　1/16
印　　张：8.5
字　　数：140千字
版　　次：2024年10月第1版
印　　次：2024年10月第1次印刷
定　　价：98.00元

出版发行：云南科技出版社
地　　址：昆明市环城西路609号
电　　话：0871-64190978

版权所有　侵权必究

摘要

中国是茶树品种和名优茶最多的国家。有关品种和茶类的单独论述和著文甚多。本书特点：一是将两者结合，让读者对历史名茶、十大名茶、获奖名茶、创新名茶等的概念有所了解；二是借鉴以往名优茶所采用的茶树品种、关键工艺，创制更多的新产品，以满足市场多元化需要和提高茶叶附加值。全书共介绍了128个品种（其中无性系品种87个）的性状和适制性，50多个名优茶的工艺要求和品质特点，配图119幅。为将专业知识科普化、浅显化，本书文字深入浅出，质朴流畅，是一本理论联系实际的工具书，可供茶叶种植户、茶企业、茶科技工作者、大专院校师生、爱茶人士等阅读参考。

虞富莲，男，1939年生。中国农业科学院茶叶研究所研究员。从事茶树育种和种质资源研究，是国内茶树种质资源研究资深专家。曾任茶叶研究所育种室主任、全国农作物品种审定委员会委员、中国农学会遗传资源分会理事等。先后承担国家多个重点科研项目，负责主持、建立国家茶树种质资源圃。发表论文、科技文章等百余篇，编著《中国古茶树》《中国茶树品种志》《走进茶树王国》《中国北方茶树栽培与茶叶加工》等专著30多部。获"国家科技进步奖"二等奖（第二名），享受国务院政府特殊津贴，获颁"庆祝中华人民共和国成立70周年纪念章"。

汪云刚，男，1967年生。云南省农业科学院茶叶研究所研究员，历任副所长、所长等职，曾挂职副乡长、副县长，现任西双版纳州茶业协会会长。先后主持国家级、省部级等多项课题，获省级科技进步一等奖2项、二等奖2项、三等奖5项，地厅级科技进步奖8项。发表论文70余篇，出版专著6部，参编著作10余部，是云南省发改委等授予的"万人计划"人才。2020年被云南省文明办授予"敬业奉献"云南好人。西双版纳州授予"西双版纳英才奖""民族团结先进个人"，2023年被授予西双版纳傣族自治州成立70周年70茶人西双版纳茶业推广大使等荣誉称号。

目录

Contents

目录

Contents

名优茶与茶树品种

中国是饮茶的发祥地，茶已是「国饮」。在激烈的茶叶市场竞争中，怎样恰到好处地利用丰富的茶树品种资源，创制别具一格的新颖名优茶，这是很多从业者十分关心的事。

为此，本书目的是「推陈出新」，一是让公众了解我国著名历史名茶的特点，让其继续发扬光大；二是利用丰富的茶树品种，汲取以往名茶的技艺，创制一批特色产品，为丰富茶类，增加茶叶附加值起到作用。

第一章

Chapter 1

名优茶与茶产业

名优茶与茶树品种
Famous tea and
tea variety

第一节　名优茶生产

　　名优茶是当今茶叶生产和市场销售的主导产品。名优茶既展示了一个地方的产品特色，又可满足不同消费者的爱好，更可为生产者获得较高的收益，是个多赢的产品。名优茶附加值高，一般每千克都在六七百元，高的三五千元，甚而超万元，是大宗茶价格的十倍、数十倍，因此，几乎每个茶区都有当家的名优茶产品，如浙江省名优茶就有200多个。现在全国名优茶产量约占总产量的38%，产值占总产值的75%左右。以较少的产量获取最大的经济效益和社会效益，这就是高效农业。为此，各地都出现了创一只名茶，扶一个龙头，兴一片产业，富一方经济的良性循环。名优茶生产受到各级领导的高度重视，群众种茶积极性持续高涨。如：白叶1号（安吉白茶）品种，由于制茶品质优异，快速发展，据2023年统计，浙江安吉县规模种植面积达20.06万亩[①]，种植户16000户，年产安吉白茶2300t，年产值32亿元，占全县农业总产值的64%，不到30年时间，白叶1号全国推广面积达到300多万亩，是"金山银山"的真实写照。再如国家级品种云抗10号，制峨山银毫、碧云银毫等，

---

① 亩：亩为非法定计量单位，1 亩 ≈ 666.67 平方米，全书特此说明。

白毫显露，花香持久，滋味鲜爽，亦适制滇红金针。因优质高产、适应性强，在云南10个州（市）已栽培160多万亩，为"云茶"产业持续发展作出了重要贡献。

一、什么叫名优茶

一般来说，名优茶要有固定产地、相应品种、稳定工艺、优异品质、独特风格、批量产品。习惯上所称的名优茶实际上是两个有区别的概念。"名茶"顾名思义是有一定知名度的茶，包括历史名茶、恢复名茶和创新名茶。"名茶"理应是优质茶，但也非尽然，有的因历史上是"贡茶"，有的曾经得过奖，也有因文人雅士赞誉而扬名的。还有一些创新名茶，虽名噪一时，但由于品质不稳定，性价比低，最后退出历史舞台。"优茶"指的是优质茶，品质当然要优异或优，质量要符合有关标准。

二、名优茶与品种的关系

选用适制品种。任何名优茶都要有相匹配的品种。历史名茶一般都是采用当地的传统品种，它们之间已形成相互依存的关系。随着新品种的育成推广以及生产单位良种意识的提高，通过多年的比较，一些名优绿茶都有了最匹配的无性系品种，如西湖龙井——龙井43、太湖翠竹——苏茶早、庐山云雾——庐云1号、高桥银峰——白毫早、峡州碧峰——宜红早、桂林毛尖——福云6号、信阳毛尖——信阳10号、峨眉竹叶青——川茶2号、湄潭翠芽——黔茶1号、版纳曲茗——云抗10号等。适制性主要是指该品种芽叶大小、茸毛多少、芽叶色泽、生化成分含量等是否符合所制茶类的工艺要求，成品能否最大程度地体现出该名优茶的品质特点，如：光扁形一类的龙井茶，一般要求芽叶纤细、绿色、茸毛少，氨基酸含量高，茶多酚含量适中；蜜香型乌龙茶则要求芽叶黄绿或紫绿色，咖啡碱含量较高。

第二节　名优茶生产的要求

一、茶名的涵义

名优茶多姿多彩，茶名也是多种多样，如有的直露其意，有的深藏隐晦，但其出发点，大多与产地、茶树品种、茶叶形状、象形比喻、寓意等有关。当然，它们之间也有一定的关联性，并无明显的界限。赋名大体有以下几种：

1. 以地名命名

如：杭州龙井村——龙井茶；南京雨花台——雨花茶；遂川狗牯脑山——狗牯脑茶；双江冰岛老寨——冰岛茶等。

2. 以茶树品种命名

如：长兴紫笋种——紫笋茶；安徽黄山种——黄山毛峰；安溪铁观音种——铁观音；宜良宝洪种——宝洪茶等。

3. 以茶叶形状命名

如：条索弯曲或直形、隐绿披毫——毛峰、毛尖茶；色泽银绿隐翠、条索卷曲成螺蛳状——碧螺春；叶边背卷顺直、形如瓜子——瓜片；色泽嫩绿微黄、形如竹叶——竹叶青等。

4. 象形比喻命名

如：叶卵圆隆起似香橼——佛手；芽叶叶齿像螃蟹脚——毛蟹；芽、叶、茎紫色，犹如贵妇人——紫娟；全年芽叶和叶片均呈黄色——黄金芽等。

5. 寓意命名

如：大红袍——出于明永乐帝以红袍加身（茶树）；太平猴魁——产地是猴坑，芽尖如"魁首"，各取一意；宁海望海茶——登茶山眺望，见东海樯桅点点，海天相接；日照雪青——表示北方（山东）冰雪之地所产的茶。

名优茶的定名无严格的标准和规定，多由生产者任意自定，有的产区造成茶名过多或雷同，消费者易在"箩里挑花"中难以选择。

二、名优茶采摘要求

注重原料质量。名优茶的外形是至关重要的，在中华人民共和国农业行业标准 NY/T 787—2004 中，名优绿茶和工夫红茶外形感官审评评分系数达30%。因此，除黑茶、开面采的乌龙茶和一些特种茶外，一般都要求芽叶幼嫩、肥软，大小、长短匀整，色泽一致。

认为名优茶就是细嫩茶，这是生产者和消费者的误区。一些以单芽为原料的芽茶往往"中看不中喝"。过嫩的单芽（鱼叶刚脱落的芽，俗称"麦粒茶、米粒茶"），花工大，产量低。据测定，长3cm左右的单芽，平均每个芽只有0.08g，制500g干茶（需2100g鲜叶）需要26250个芽茶。雪水云绿单芽重只有0.0455g，制500g干茶需要46200个芽茶。此外，还由于单芽内含物还未达到最丰富的程度（表1-1），往往香味清淡，不耐冲泡。所以，不论从采摘效率还是制茶品质来看，芽茶是不足取的。实际表明，以一芽一叶和一芽二叶初展叶为原料的优质绿茶是最量高质优的。

表1-1　春梢各部位主要化学成分含量

单位：%

部　位	茶多酚	儿茶素总量	咖啡碱	氨基酸	维生素 C
芽	26.84	13.65	2.41	2.01	1.03
一芽一叶	27.15	14.68	3.50	3.11	1.22
一芽二叶	25.31	13.93	3.00	2.92	1.59
一芽三叶	23.60	13.61	2.65	2.34	1.46
一芽四叶	20.56	11.92	2.37	1.95	1.30

图1-1　单　芽

三、名优茶要有质有量

　　真正名副其实的优质名茶产量较少，如消费者抱怨市场上很难买到正宗的西湖狮峰龙井茶、洞庭碧螺春等。有些创新名茶，用于评审或作广告时确实物美质优，但数量很少，一旦名茶地位确立或认可后，批量茶质量就难以保证，消费者慕名购买的茶叶往往是"挂的羊头，卖的狗肉"，信誉与市场俱损。

第二章

Chapter 2

名优茶品质要素

名优茶与茶树品种

Famous tea and
tea variety

第一节 茶树品种

茶树品种有有性系品种和无性系品种之分。前者是指世代用有性繁殖方法（种子）繁殖的，故个体间差异较大，所以又称群体种。后者是指用无性方式（扦插、压条等）繁殖的，个体间性状相对一致，最适合采制名优茶。

茶树树型有乔木型、小乔木型和灌木型之别。乔木型：从基部到顶部主干明显，大叶或特大叶，茶多酚含量高，多适制红茶和普洱茶；小乔木型：基部主干明显，中部以上无主干，大叶或中叶，茶多酚和咖啡碱含量较高，适制红茶、乌龙茶等多个茶类；灌木型：根颈处开始分枝，无明显主干，中叶或小叶，氨基酸含量高，咖啡碱适中，茶多酚相对偏低，多适制绿茶。

在品种适制性方面，有单一型和兼制型的。如龙井43，茸毛很少，氨基酸含量高，茶多酚含量偏低，制毛峰茶，难显毫毛，制红茶，儿茶素氧化物少，不够红润，所以只适合制龙井茶，称单一型。再如福鼎大白茶，芽叶肥硕，茸毛特多，氨基酸、茶多酚、咖啡碱含量都较高，既适制毛峰形绿茶，又适制红条茶（白琳工夫）和白茶"白毫银针"，因此称兼制型。兼制型品种应变力强，种植者可根据市场需要，适时改变加工茶类。

除历史名茶采用传统群体种外，当代名优茶和新创制名优茶多用无性系品种。

本书有关品种介绍说明：①认定、审定、鉴定、登记品种和植物新品种权品种都是经过种子部门或国家林业局审核过的"国家级"或"省级"品种，视为同等。②所介绍品种在植物学分类上分别属于茶种（C.sinensis）、普洱茶种（C.sinensis var. assamica）或白毛茶种（C.sinensis var. pubilimba）。③物候期均是指原产地或育种单位所在地的春茶生育期。④产量标准，大体是，亩产大宗茶干茶≥150kg为高产，≤50kg为低产，介于之间为中产（中等）。⑤生化成分含量均是春茶一芽二叶干样含量，数据部分来自于《中国无性系茶树品种志》《中国茶树品种志》，供参考。⑥酚氨比是茶多酚与氨基酸的比例，用作茶类适制性参考。⑦成品茶品质未注明的均是春茶茶样。

第二节　茶叶的色香味形

评定茶叶品质不是凭单个因子，而是由外形、香气和滋味决定的，通称"色、香、味、形"。而影响这些品质的要素又是很复杂的，其中有直接关系的有自然条件、茶树品种、栽培措施、鲜叶采摘、加工技术、包装储藏、安全卫生等，只要有一项因子出了纰漏，都会影响到终端产品，所以必须严格把关、环环扣紧。现在有一些企业都建立了产品质量追溯制度，发现问题追根溯源，把问题杜绝在源头。

一、茶叶色泽

绿茶的干茶色泽多半决定于芽叶中叶绿素含量的高低和茸毛的多少。叶绿素通常分叶绿素a和叶绿素b，叶绿素a是蓝绿色，叶绿素b是黄绿色，叶绿素a是叶绿素b的2~3倍。叶绿素a含量高，茸毛多，干茶翠绿、显毫；叶绿素b含量高，干茶黄绿色。叶绿素、胡萝卜素和叶黄素还与绿茶的叶底色泽有关。红茶干茶和叶底的色泽主要决定于发酵过程中所形成的茶黄素和茶红素的含量，如茶黄素和茶红素多，干茶乌润显金毫，叶底红亮。乌龙茶主要决定于做青过程中的发酵程度，清香型的发酵较轻，表现为翠润砂绿，浓香型的发酵较重，表现为乌润砂绿。普洱茶主要决定于渥堆发酵的程度，适度渥堆发酵的多为黑褐色，这主要是茶多酚等物质在渥堆过程中在微生物的作用下与氨基酸结合，产生黑色素（茶褐素）之故。

绿茶汤色呈绿黄色，主要是黄烷酮和黄烷醇（儿茶素初级氧化物）成分。红茶中的茶黄素与茶汤的明亮度和金圈的厚薄有关，茶红素与红艳度有关，茶褐素会使汤色发暗。花青素会使汤色变浊，对绿茶有影响。

二、茶叶香气

成品茶的香气大体有清香、栗香、花香、果香、花蜜香、甜香、高火香、青草气等。香气成分有的在鲜叶中已经存在，但大部分是在加工过程中形成的。如鲜叶中的香气成分只有50多种，较多的是青叶醛和青叶醇，具有青草气和酒精味。茶叶在加工过程中会发生复杂的生物化学变化，使绿茶香气成分增加到100多种，红茶增加到300多种，普洱茶到目前发现的也有近300种。它们主要是醇类、醛类、酮类、酯类等物质（表2-1）。

表2-1 茶叶主要香气成分及香型

成　分	香　型	成　分	香　型
苯乙醇	玫瑰花香	苯乙酮	令人愉快的香气
苯丙醇	水仙花香	茉莉酮	茉莉花香
芳樟醇	百合或玉兰花香	紫罗兰酮	紫罗兰香
香叶醇	玫瑰花香	醋酸香叶酯	玫瑰花香
橙花叔醇	玫瑰花香	醋酸芳樟酯	柠檬香
苯甲醇	苦杏仁香	醋酸橙花酯	玫瑰花香
橙花醛	柠檬香	醋酸苯乙酯	蜂蜜香
香草醛	清香	水杨酸甲酯	冬青油香

各茶类主要香气成分见表2-2。

表2-2 各茶类主要香气成分

茶　类	香气成分
绿　茶	香叶醇、芳樟醇、橙花叔醇、水杨酸甲酯、紫罗兰酮等
红　茶	香叶醇、芳樟醇、茉莉酮甲酯、水杨酸甲酯等
乌龙茶	香叶醇、芳樟醇、橙花叔醇、茉莉酮、紫罗兰酮、苯甲酸甲酯、吲哚等
黑　茶	香叶醇、芳樟醇、糠醛、二苯并呋喃等

三、茶叶滋味

成品茶的滋味主要决定于芽叶中的茶多酚、氨基酸、咖啡碱、糖类、有机酸等成分，它们本身有不同的味觉。

涩味物质　主要是茶多酚，含量占干物质总量的15%～30%。夏秋茶涩味重，就是因为茶多酚含量高。茶多酚中70%是儿茶素，其中酯型儿茶素（又叫复杂儿茶素）占儿茶素总量的60%～75%，具有较强的苦涩味和收敛性，是茶汤的主体呈味成分，主要是EGCG（表没食子儿茶素没食子酸酯）和ECG（表儿茶素没食子酸酯）；非酯型儿茶素（又叫简单儿茶素）占儿茶素总量的25%～40%，主要包括EC（表儿茶素）、EGC（表没食子儿茶素）、C（儿茶素）、GC（没食子儿茶素）。EGCG和EGC含量高，有利于制优质红茶。

儿茶素又是茶叶保健功能的主要成分（尤其是EGCG），作为天然抗氧化剂和自由基清除剂，已应用于食品加工、医药保健和日用化工等领域。

鲜味物质　主要是氨基酸，含量一般在2.5%～4.5%，有茶氨酸（0.5%～3%，有甜鲜味）、谷氨酸（0.2%～0.6%，有鲜酸味）、天冬氨酸（0.15%～0.25%，有鲜酸味）、赖氨酸（0.03%左右，味苦）、苯丙氨酸、丝氨酸等。春茶氨基酸含量高，所以味鲜爽。

茶氨酸是茶树特有的，在缓解压力、促进睡眠、抗抑郁、提高记忆力和预防帕金森氏症等方面有良好的作用。

苦味物质　主要是咖啡碱、花青素、茶皂素以及部分苦味氨基酸等。

咖啡碱在茶叶中的含量在2%～4%，细嫩叶比粗老叶高，夏茶比春茶高。是重要的滋味物质，在红茶加工过程中与茶黄素形成的复合物具有鲜爽味。

甜味物质　主要是可溶性糖、茶氨酸、部分氨基酸等。它能调和和掩盖茶的苦涩味。春秋茶含量高于夏茶。

酸味物质　主要是有机酸及谷氨酸、天冬氨酸等，它不是茶汤的主体滋味，但能去除、掩盖一部分茶的苦涩味。

红茶鲜爽味物质　主要是氨基酸（尤其是茶氨酸）、茶黄素和咖啡碱的络合物。

以上这些成分在加工过程中会发生复杂的综合或协调作用，形成各种滋味。

成品茶品质与上面茶叶生化成分的组分与含量有着密切关系。一般来说，氨基酸、蛋白质和含氮化合物高，茶多酚含量适中，制绿茶色绿，味鲜爽，品质优。茶多酚含量高，会增强绿茶的醇厚度，但也会增加茶汤的涩味。茶多酚和氨基酸含量均高，尤其儿茶素总量高，在红茶发酵过程中会形成较多的茶黄素、茶红素，对红茶品质有利，表现为汤色红艳，滋味浓鲜（表2-3）。常以"酚氨比"来表示品种的茶类适制性，即茶多酚与氨基酸的比例，比例大，适制红茶，比例小，适制绿茶。一般是，大于9适制红茶，小于7适制绿茶。乌龙茶除要求茶多酚和氨基酸含量均比较高外，尤其要求咖啡碱含量高，一般在4%以上。其他茶类对生化成分无特别的要求。不过，氨基酸含量高对所有茶类都是有利的。

表2-3 茶叶呈味物质与滋味

呈味物质	相应滋味	呈味物质	相应滋味
茶多酚	涩味	琥珀酸、苹果酸	鲜酸味
儿茶素	苦涩味	草酸等有机酸	酸味
咖啡碱	苦味	可性糖	甜味
咖啡碱＋茶黄素	鲜爽	果胶	醇厚
氨基酸	鲜爽	游离脂肪酸	陈味
茶氨酸	鲜甜味	茶黄素	刺激性强，味甘爽
谷氨酸	鲜醇	茶红素	刺激性弱，带甜醇
甘氨酸	甜味	茶褐素	醇厚欠鲜爽
天冬氨酸	鲜酸味	花青素	味苦
丝氨酸	甜带微酸	茶皂素	辛辣苦

四、茶叶外形

成品茶外形是根据茶类的特点加工形成的，其中以名优绿茶形状最多，通过手工或机械加工成扁形、针形、剑形、月牙形、条形、钩形、螺形、卷曲形、环形、花朵形等；红茶如揉捻发酵后即烘干的为条形（红条茶），揉切后发酵烘干的为颗粒形（红碎茶）；乌龙茶通过包揉成为蜻蜓头形或半球形；紧压茶有长方形、方形、柱形、饼形、碗臼形等，通过模具压制而成；白茶的形状则主要决定于芽叶的形态和茸毛的长度和密度，如白毫银针采一芽一叶，白牡丹、贡眉采一芽二叶（芽叶等长）。

图2-1　扁　形

图2-2　月牙形

图2-3　针　形

图2-4　螺　形

图2-5　环　形

图2-6　菊花形

图2-7　玉笋形

第三节 名优茶茶树生长的自然条件

一、土 壤

土壤是茶树生长的基础。以沙质壤土、砂砾土（尤其是白砂土）、高山香灰土、乌砂土最好，这类土质地疏松，透气性强，含有机质丰富，并有较多的钾、镁、锌、硫、钼等微量元素（表2-4、表2-5）。

表2-4 优质高产茶园土壤物理指标

剖　面	土层厚（cm）	质　地	总孔隙度(%)	三相比（固：液：气）	渗水系数（cm/s）
表土层	20 ~ 25	壤土	50 ~ 60	50：20：30	
心土层	30 ~ 35	壤土	45 ~ 50	50：30：20	> 18
底土层	25 ~ 40	壤土	35 ~ 50	55：30：15	

注：从地表起，0 ~ 25cm范围的土称表土；25 ~ 60cm的称心土；50或60cm以下的称底土；底土以下多为半风化的石塯。

表2-5 优质高产茶园土壤化学指标

有机质（g/kg）	pH	全氮(g/kg)	有效养分（mg/kg）						
			氮	磷	钾	镁	锌	硫	钼
> 20	4.5 ~ 6.0	> 1.0	> 100	> 15	> 80	> 40	> 1.5	> 30	> 0.3

注：表2-4、表2-5引自《中国茶树栽培学》。

二、温 度

茶树生长温度在10 ~ 35℃，最适宜生长温度在18 ~ 25℃。在最适温度期，各种酶活性最强，使物质代谢加快，品质最好。一般来说，春季温度较低，有利于芽叶中氨基酸和蛋白质的形成和积累，但茶多酚的合成较少，因此适合制绿茶。夏秋季温度较高，有利于茶多酚的合成，适制红茶。

三、水　分

适宜种茶地区年降水量需要在1000mm以上，茶树生长期间月降水量应大于100mm，如果连续几个月小于50mm，就要人工补水。茶树生长期间，茶园相对湿度要求在70%~80%，如果小于60%要进行土壤灌溉。

四、光　质

茶树可接受的可见光有红、橙、黄、绿、青、蓝、紫七色光。春季的兰、紫、绿光，蛋白质、氨基酸、叶绿素含量较高，对绿茶品质有利；夏秋季的红光、橙色光，有利于茶多酚的形成，对红茶品质有利。高山茶区雨量多，湿度大，多蓝、紫光，茶树形成的氨基酸、叶绿素和含氮芳香物质多，茶多酚相对较少，这就是高山出好茶（绿茶）的原因之一。

同一品种同一地方的芽叶色泽不同季节也会变化。春季是绿色或黄绿色的芽叶，到夏秋季由于多红光、橙色光照射，会形成较多的花青素，所以芽叶常会变成紫绿或深绿色，不宜制名优绿茶。

茶园适度遮光，可以提高芽叶质量，增加氨基酸含量，对绿茶品质有利。但是，过度遮光，不利于芽叶生长，影响产量。茶树是耐阴植物，但还是需要阳光的，不是光照越少越好。

第四节　茶园的优化管理

一、土壤改良

土壤是茶树的立地之本，它直接关系着对养分和水分的吸收。土壤的质地、土壤酸碱度、土层厚度和养分含量都与茶树的适应性、抗性、茶叶品质有着密切的关系。茶叶自然品质以富含有机质的沙质壤土和乌沙土最好，沙壤土质地疏松，通气性好，有利于根系生长和对养分的吸收。对茶叶鲜甜味起重要影响的茶氨酸是在根部合成的，根系生长健壮，根容量大，茶氨酸的合成也就多，滋味就显得更优。此外，这一类土壤多为物理风化，土体中原生矿物质含量较丰富，尤其是与茶叶品质有关的镁、锌、硼、钼及其他微量元素有效性较高，有利于形成与香气滋味关系密切的醇类、醛类、酮类等物质，成品茶香郁味醇。如著名的杭州西湖狮峰龙井茶产于由石英砂岩风化的白砂土，获1915年巴拿马博览会金奖的浙江惠明茶产于由片麻岩风化的黄沙土，安徽黄山毛峰产于花岗岩风化的乌沙土，福建武夷十大名丛的土壤成土母岩大多是砂砾岩，等等。当然，沙性太强的砂砾土，保水、保肥力差，茶树生长不良且易遭受旱害和冻害；质地过于黏重的红黄壤，土壤团粒结构差，含微量元素和有机质都较少，茶叶品质较差，另外，这类土壤雨季易渍水，通透性差，影响茶叶产量和品质。

（一）增加土层厚度

本固才能枝荣。茶树根系发达，吸收根主要分布在20～40cm的土层范围内，实生茶树的主根可达1m以上，扦插茶树的侧根和须根也广泛分布于耕作层内。为了有利于茶树根系向纵深和广度发展，茶园土层厚度要保持在80～100cm以上，不低于60cm。据测定，同一品种在相同栽培管理下，产量随着土层厚度而增加（表2-6）。

表2-6　土层厚度与产量的关系

（茶树高产优质栽培技术，1990）

土层厚度（cm）		干茶产量
幅　度	平　均	（kg/ 亩）
38 ～ 49	43	130.4
54 ～ 57	55	168.9
60 ～ 82	73	219.0
85 ～ 120	102	267.6

优质高产茶园土壤总体要求是，团粒结构好，固相、液相、气相三相比合理，渗水系数每秒大于18cm，含有机质和微量元素丰富（表2-5），常年施有机肥一般都能达到这一要求。

凡是土层不到60cm，并伴有烂石或底层有石墈、土墈层（犁底层）的，通过深翻、加客土、破墈和施有机肥等措施改良。

（二）调节土壤酸碱度

茶树可以生存的土壤酸碱度pH 3.5～6.5，对茶叶品质最有利的pH 4.5～5.5。pH

过高或过低都会影响叶绿素的形成，从而削弱光合作用，由此对品质直接有关的氨基酸、茶多酚、咖啡碱、芳香物质等合成会减少。

茶树对土壤钙很敏感，钙超过0.3%就会影响生长，超过0.5%就会死亡。pH＜4.5的强酸性土壤，使土壤中的重金属有效性提高，铅等金属元素易被茶树吸收，使茶叶重金属含量超标。据对全国2058个茶园样本土壤测定，pH平均在4.68，有8个省区在4.5以下，表明土壤呈现出强酸化趋势。严重土壤酸化的茶园（土壤pH＜4）可通过施用石灰、土壤调理剂、生物质碳或增施腐熟畜禽粪肥等调节。偏中性的土壤可施用硫磺粉或硫酸亚铁（又名黑矾、绿矾），生产茶园亩施20～30kg。硫磺粉在土壤中会被一类硫化细菌的微生物转化为硫酸，一般施后6个月，可使0～25cm土层的pH从6.5降至5.0以下，土层20～40cm降至5.5左右。

新建茶园，每次施硫黄粉或硫酸亚铁80～100kg/亩。由于土壤是个很强的缓冲体，通常施用后10天左右又会恢复到原来状况，所以需要施3次左右才会有效。可在种植沟位置提早4个月施，3次间隔期至少1～2个月，距最后1次施1个月后再种植茶树。如果不开沟，也可土面撒施，施后再翻入地下。如果茶树已种植，在种后1个月后施50kg/亩，过3个月施80kg/亩，再过3个月施80～100kg/亩。均在离茶苗根部至少20cm的位置开深宽各10～20cm的沟施。不论是硫磺粉或硫酸亚铁都是干施，施后覆土。不要土表撒施。

二、科学施肥

施肥是保证茶树正常生长和获得持续优质高产的主要栽培措施之一。科学施肥又是保证生态环境优良、茶园投入与产出比例合理的关键。一些茶园有机肥料投入量不足，土壤贫瘠及保水保肥能力差，部分茶园存在用肥量偏高，氮、磷、钾肥配比不合理，微量元素缺乏等问题。据对全国14个省区6000多个茶园土壤样本测定，有12.5%的茶园严重缺肥，也有36%茶园过量施肥（N＞30kg/亩，P_2O_5＞10kg/亩，K_2O＞10kg/亩）。针对以上问题提出以下施肥原则：

（1）有机肥与化肥配合施用，有机肥替代部分化肥，有机肥适量、深施（15cm以下）。

（2）保持适宜养分配比，依据土壤肥力条件、茶叶种类和产量水平，确定氮肥用量，加强磷、钾、镁肥配合施用，适量补充硫、硼等养分。

（3）具体施肥用量如下，供参考（表2-7）。

表 2-7 茶园养分推荐用量

（石元值，2020）

养 分	制作茶类	采摘标准	施肥量（kg/亩）	最高限量（kg/亩）	备 注
氮（N）	名优绿茶	一芽一叶	≤20	20	可根据土壤状况、产量要求及茶叶品类作调整
	大宗绿茶	一芽二三叶	20~30	30	
	红茶	一芽二三叶	≤20	20	
	乌龙茶	一芽三四叶	20~27	30	
磷（P_2O_5）	按所制茶类采摘要求		4	8	根据土壤测定
钾（K_2O）			4~8	10	
镁（MgO）			2.7~3	4	
微量元素	按需要施用				

①全年氮肥（N）用量 大宗绿茶和黑茶：干茶产量低于200kg/亩，16~25kg/亩；干茶产量超过200kg/亩，22~30kg/亩。名优绿茶和红茶：13~20kg/亩。乌龙茶：干茶产量低于200kg/亩，13~20kg/亩；干茶产量超过200kg/亩，18~26kg/亩。

②全年磷、钾肥用量 不分茶类，磷肥（P_2O_5）4~6kg/亩；钾肥（K_2O）4~8kg/亩。

以上氮、磷、钾比例以（4~5）：1：（1~2）为宜。

③土壤缺镁、锌、硼的茶园，施用镁肥（MgO）2~3kg/亩，硫酸锌0.7~1.0kg/亩，硼砂1kg/亩；缺硫茶园，施用硫酸铵、硫酸钾、硫酸镁、过磷酸钙或硫酸钾型复合肥等，15~20kg/亩。

（4）施肥方法，有机肥、氮、磷、钾、镁和微量元素等作基肥为主，其中氮肥占全年用量的30%~40%。9月底—10月下旬施，施肥沟深度15~20cm。

（5）追肥以速效氮肥为主，催芽肥在春茶采摘前30天施入，占全年用量的30%~40%；夏茶追肥一般在5月中下旬—6月上旬，用量为全年的20%左右；秋茶追肥在7月中下旬—8月初，用量为全年的20%左右。施肥沟深5~10cm。

对于全年只采春茶的茶园，可作适当调整，如基肥中氮肥用量可为全年的60%，春茶结束后需要深（重）修剪的茶园，可在修剪前施全年氮肥用量的20%，当年7月下旬再追施一次氮肥，用量为全年的20%。

（6）可施用N–P_2O_5–K_2O–MgO为（18~25）–8–12–2配方的茶园专用肥或相近

配方专用肥，与有机肥和速效氮肥配合施用。基肥施专用配方肥，用量30～50kg/亩，配施饼肥75～100kg/亩或商品有机肥200kg/亩。

只采春茶名优绿茶和春茶乌龙茶的茶园增施氮肥（N）6～8kg/亩；全年采摘绿茶的增施氮肥（N）10～16kg/亩；全年采摘乌龙茶的增施氮肥（N）8～10kg/亩；红茶增施氮肥（N）6～8kg/亩。

三、高效精准绿色防控

病虫害防治是茶园管理中的一项重要内容，对保障茶树健壮生长，获得优质安全产品起到重要的作用。根据生物多样性理念和现代防治技术，防治不是消灭全部病虫，而是防控，就是将病虫害控制在合理防治阈值范围内，也就是说，不是见虫就杀，见病就治，少量病虫发生只要不影响茶树正常生长，就不打药，留点害虫给鸟类等天敌作食物，以维持生态平衡。有虫有天敌具备生物链的茶园才是生态茶园。

近年来，我国在非化学农药防治病虫害技术上获得较大突破，如诱虫灯、诱虫板、植物源农药、矿物源农药的应用以及用无人机喷洒农药等，使茶园病虫防治更科学、更有效、更环保。

茶园病虫防治的原则是，以防为主，综合治理。有机茶园和绿色食品茶园采用农业和物理防治措施，如选用抗病虫品种，合理施肥和间套种作物，及时分批采摘，插粘虫板，装置杀虫灯，采用性信息素引诱剂等，这些措施没有农残，不会污染环境。同时，也可采用生物源、植物源、矿物源农药，如害虫病原微生物制剂、茶皂素制剂、苦参碱制剂等，这些农药降解快，残留少。无公害茶园和常规茶园可用化学农药。用药浓度按规定标准，不可超标，并严格遵守安全间隔期。

（一）农业防治

改变茶园环境因素，使病虫不易发生和危害，主要措施有：①选用抗病虫茶树品种。②合理种植，包括密植、轮作、套种、间作等。③翻耕培土。④科学施肥。⑤灌溉排水。⑥分批多次及时采茶。⑦茶树修剪台刈。⑧清理茶园。

（二）生物防治

利用各种生物天敌来防治病虫害，也即以虫治虫，以菌治虫，以病毒治虫，具有安全、持久、经济、有效的特点。如捕食蚜虫的有草蛉、七星瓢虫；捕食茶尺蠖的有绒茧蜂；捕食蚧壳虫的有红点唇瓢虫；捕食茶小卷叶蛾的有赤眼蜂；捕食鳞翅目食叶害虫的有蜘蛛科的各类蜘蛛，如斜纹猫蛛；防治刺蛾类、茶毛虫、茶尺蠖等的有核型多角体病毒（NPV）。

（三）物理防治

用物理因素和机械设备来防治。利用害虫的群集性、假死性、趋光性、趋色性等，进行人工捕杀、灯光诱杀、色板（纸）粘杀、糖醋液浸杀等。

近年来，推广使用的天敌友好型狭波LED杀虫灯和天敌友好型双色诱虫板，不仅对茶园主要害虫的诱杀量提高1倍多，而且对天敌的误杀率降低40%以上，不仅实现了害虫诱杀的标准化、高效化，降低了对天敌的误杀，而且保护了生态环境。

（四）化学防治

用化学农药来预防或直接消灭病虫害的方法，优点是快速高效、使用方便、比较经济，但易造成农药残留和环境污染。要严格执行国标（GB 2763—2019）中的农药品种、施用量和间隔期，且要轮换用，不可长期使用同一种农药，否则易使害虫产生抗药性。

（五）综合防治

根据病虫发生动态及所处的环境条件，有机地协调运用农业防治、物理防治、生物防治和化学防治等方法，这样可在尽量保持生态平衡的情况下，将病虫的危害控制在阈值之内。

（六）无人机防治

无人机防治病虫害在大田作物中已多采用，特点是效率高、减少农药用量和减轻施药者劳动强度。目前，适用于茶园病虫防治的无人机有大疆t16号型、3WWDZ-18型等，适用于连片平坦茶园。大疆t16号型一般1包药液15分钟可喷洒5~6亩。3WWDZ-18型每架次可防治15亩。防治时，无人机要沿茶行平行飞行，离地高度控制在2~3m，尽量选择在晴朗无风或微风天气进行。

第五节　精湛的加工制作

六大茶类虽然都是以茶树鲜叶作原料，但各个茶类要求的芽叶嫩度、加工机理、工艺流程、品质因子等都有所差别，尤其是各个名优茶都有自己的技术诀窍。

一、炒制通用手法

唐·陆羽（733—804）《茶经·三元造》载："晴采之、蒸之、捣之、拍之、焙之、穿之、封之、茶之干矣。"这是唐代蒸青团饼茶的加工工艺，表明古时茶叶加工已比较复杂。现代名优茶一般多是手工制作，工艺复杂，手法多样。现将适用于各个茶类的通用手法列下介绍：

搭　四指伸直并拢，指尖略向上翘，拇指叉开，手心向下，茶叶攒齐落入锅中后，顺势用手掌将茶叶压向锅底，用力由轻到重，使茶叶渐成扁平状。

托（拓）　手掌平伸，四指伸直并拢，手贴茶，茶靠锅，将茶叶从锅底沿锅壁向上托起，使茶叶成扁平状。

抖　手心向上，五指微微张开、稍弯曲，将托起攒在手掌上的茶叶做上下抖动，并趁势将茶叶在手掌中理直，再均匀撒在锅中。这主要是起理条和散发水分作用。

甩　四指微张，大拇指叉开、微弯，翻掌手心向下，顺势把手中茶叶扔向锅底。作用是理条和散发水分。

推　手掌向下，四指伸直或微曲，大拇指前端略弯向下，手掌与四指握住并压实茶叶，用力向前推去。作用是用压力将茶叶压扁，使外形扁平、光滑。

抓　手心向下，五指微弯曲，抓住茶叶。作用是将茶叶理成紧直条状。

扣　手心向下，大拇指与食指张开成"虎口"状，在抓、推、磨过程中用中指、无名指拢进茶叶，再从"虎口"处冒出，如此循环操作。作用是使茶叶条索紧直。

捺　手掌平展，四指伸直靠拢，手贴茶，茶贴锅，将茶叶从锅底沿锅壁用力由外向内推动。作用是使茶叶光滑。

摩 用推的手法做较快的往复动作，在手对茶、茶对茶、茶对锅的相对摩擦中，使茶叶增加光润度。

压 在抓、推、摩的同时，一只手压在另一手的手背上，以增加对茶叶的压力，使茶叶更加平整、光滑。

搓 茶叶夹在两手掌中，按同一方向揉。

拉 手心向下，抓住茶叶，贴锅壁同向滚动，是理条手法之一。

撒 手法基本同抓、甩。

理条 手法同抓。

二、绿茶工艺

绿茶是不发酵茶。工艺为摊放、杀青、揉捻和干燥。由于加工过程中的高温杀青，使儿茶素类物质不会发生酶促氧化，也没有微生物产生的酵素物质，使茶呈现清汤绿叶。

按杀青和干燥方法的不同，分为炒青、烘青、蒸青、晒青4种。

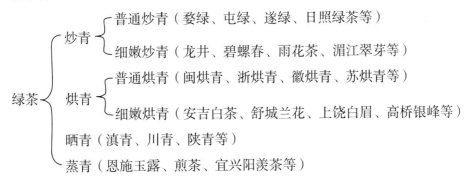

名优绿茶共同要求：①原料级别（嫩度）一致。②摊放要适时、足时。③杀青温度高，杀透杀匀，杀后迅速冷却。④多半是细嫩芽叶，揉捻要轻、匀。针形或牙形茶为保持芽锋的完整性，以理条替代揉捻。⑤造形要到位。⑥干燥前期要高温快烘，后期要文火慢焙。

（一）原 料

多半是单芽或者一芽一叶初展，卷曲形或毛峰形亦有一芽一叶和一芽二叶初展。

（二）工序和机理

1. 摊青（摊放）

（1）摊青的作用　①鲜叶含水率在75%～78%，摊青后含水率在67%左右，使叶梗由脆变软，增加芽叶的韧性，便于揉捻和做形。②挥发有青草气的青叶醛和酒精味的青叶醇。③茶多酚氧化成少量邻醌，增加清香气，部分酯型儿茶素转化为非酯型儿茶素，减少苦涩味。④蛋白质部分水解成游离氨基酸，增加鲜爽味。⑤淀粉水解成可溶性糖，增加甘醇味。⑥果胶分解成水溶性果胶和果胶酸，增加黏性，易于定形。

（2）摊青的方法　摊青场所应清洁、阴凉，没有阳光直射，温度控制在25℃以下，相对湿度维持在70%左右（可用空调调控）。鲜叶均匀薄摊在篾簟或竹匾或网框里。名优茶摊叶厚度2～3cm，每平方米宜摊1～2kg，摊放时间8～10小时。经摊放后含水率在65%～70%，此时芽叶绵软，叶色变暗，稍有清香气逸出。

2. 杀 青

（1）杀青的作用　①散发水分15%～20%。②使叶绿素含量减少。在鲜叶中蓝绿色的叶绿素a是黄绿色的叶绿素b的2～3倍，杀青后叶绿素a剩下25%左右，叶绿素b剩下50%～60%，这样杀青叶呈现黄绿或暗绿色。③低沸点的具有青草气和酒精味的青叶醛和青叶醇大量挥发，一些高沸点的芳香物质显露。④蛋白质、淀粉、果胶部分水解，使氨基酸、可溶性糖、水溶性果胶含量增加。酯型儿茶素含量减少，非酯型儿茶素含量增加，有利于减轻茶汤的苦涩味。⑤茶叶中一些香气前体，如类胡萝卜素和脂肪酸类等降解，形成香叶基丙酮、（Z）-茉莉酮、橙花叔醇、庚醛、癸醛等香气物质，促进绿茶香气特征的形成。

（2）杀青方法　要求高温杀青，温度先高后低，抛闷结合，多抛少闷，杀匀杀透。

①手工杀青　常用平锅、桶锅（深底平锅，锅口直径50～70cm不等，深45cm）两种，目前使用最普遍的是电热炒茶锅。手工炒制名优绿茶，锅体温度220～230℃，投叶量1次500g，时间4～6分钟。

②机械杀青　用滚筒连续杀青机。滚筒直径有300mm、400mm、500mm、600mm、700mm、800mm等。以炒青绿茶为例，300mm筒式杀青机台时产量（鲜叶）30kg左右。当筒壁温度达到250～300℃，即滚筒出口方向筒内30cm深处的中心空气温度达到90℃时，即投叶杀青，杀青时间在2～3分钟。杀青时间短会杀不透，叶易

红变，有青气；时间过长，叶易闷黄，有煳味，香气不爽。

③汽热杀青　汽热杀青能使茶叶保持鲜绿色，雨水叶易杀透杀匀，夏秋茶能消除部分苦涩味。汽热杀青机整机分为蒸青和脱水冷却两部分，即利用高温蒸气杀死酶，再用热风脱水，冷风冷却。目前有50kg、150kg、300kg等机型。以150型汽热杀青机为例，热气进口温度120~130℃，投叶量为100~120kg/小时，一次杀青时间20~30秒，脱水时间1~2分钟。

3. 揉　捻

揉捻的作用　一是破损了芽叶的组织结构，使细胞内的化学物质发生变化，并黏附叶表，冲泡时易进入茶汤；二是增加了芽叶的韧性和可塑性，便于做形。名优绿茶外形制作多样，如：有的杀青结合做形，如龙井茶；有的炒作与干燥结合做形，如碧螺春；有的理条结合做形，如开化龙顶；有的揉切结合做形，如颗粒绿茶；等等。

（1）揉捻的要求　一般是一芽一叶嫩芽叶杀青后冷却30分钟左右再揉，有利于保持鲜绿色泽，减少断碎率。一芽二三叶纤维素含量较高，杀青后趁热揉，有利于组织结构的破损和芽叶的成条。

（2）揉捻方法　①手工揉捻　主要有单手推揉和双手团揉两种。要边揉边解块。需要条形较直的茶，可在后期边揉边摔几下。一般揉10~15分钟，待有茶汁黏附表面，手有黏稠感即可。②机械揉捻　揉捻机型号和投叶量见表2-8。以一芽二叶为例，6CR-55揉捻机一次投叶量是60~70kg，一般揉捻30分钟左右。加压时间要求"轻、重、轻"各占1/3。

表2-8　揉捻机型号及投叶量

揉捻机型号	6CR-90	6CR-65	6CR-55	6CR-45
萎凋叶投叶量（kg）	140~160	55~60	30~35	15~16

图2-8　篾垫手工揉茶

4. 干　燥

干燥的作用一是散发水分，使成茶的含水率达到5%～6%（晒青茶9%～10%），便于储存；二是使茶叶定型，同时使生化成分继续进行热物理和化学反应，最后形成绿茶特有的色、香、味。干燥方法有：

（1）烘干　有烘干机和烘笼两种，烘干机有6CHM-3型自动链板式烘干机、6CH941多斗式烘焙机、6CH901单斗式烘焙机等。烘笼多半用于传统名优茶。一般分2次进行，即初烘和足烘，又称毛火和足火。

①初烘　以自动链板式烘干机为例，摊叶厚度1～2cm，进风温度110～120℃。初烘时间12～15分钟，烘后含水率在18%～25%。初烘后摊凉30～60分钟再进行足烘。

②足烘　自动链板式烘干机进风温度在90～100℃，摊叶厚度2～3cm，时间16～20分钟，烘至茶叶含水率达5%～6%（手捏茶叶成末）。干燥适度的茶，色泽绿润，香气高爽，味鲜醇。

（2）炒干　有手工和机械炒干。像龙井茶一类的手制扁形茶的辉锅就是在锅中整形和干燥一气呵成。一芽二三叶原料，则全程用炒干机炒干，初炒至茶叶含水率达25%左右时，摊凉30～60分钟，二锅并一锅再炒至足干（含水率≤6%）。目前，适用的炒干机型号有：

①锅式炒干机　6CC-60型，台时产量5kg/小时。炒制产品具有传统绿茶风格。适用于少量茶叶干燥。

②圆筒式炒干机　a. 1.6CPC-100型瓶式炒干机，筒体为圆形，炒制的茶叶外形光润，台时产量40kg/小时。b. 6CBC-110型八角炒干机，筒体为八角形，炒干茶叶条索紧结，台时产量40kg/小时。生产中常将a、b两种配合使用，是当前应用最普遍的炒干机。c. 6CCT-70型连续式茶叶炒干机，台时产量约60～80kg/小时，多用在连续化生产线上，用作解块和初步炒干。

（3）半烘炒　这是用得最多的绿茶干燥法，它既能使条索紧细，色泽绿润，香气高爽，又能防止芽叶断碎，减少碎末茶5%～10%。一般先用烘笼或烘干机烘至含水量达30%左右，摊凉30分钟后再用炒干机炒至足干。

（4）晒干　利用日光将揉捻叶晒干，在全日照情况下，一般晒8～10个小时，晒至含水率12%左右，干闻有"笋干味"。晒青茶多用作紧压茶，如普洱茶原料。为免遭雨淋和沙尘污染，要放于晒棚晾晒。

三、红茶工艺

红茶属全发酵茶。优质红茶要求外形乌润显金毫，汤色红艳有金圈，显蜜香或花香，滋味鲜浓、甜润甘滑。著名的云南滇红和广东英德红茶是大叶种红茶，主要是以芳樟醇为主所呈现的花果香和甜香。茶汤冷却到16℃左右会出现乳状浑浊的"冷后浑"现象，（又称乳凝），它是茶黄素与咖啡碱的综合物，是优质红茶的特征。安徽祁门红茶和福建金骏眉等是中小叶种红茶，主要是以香叶醇、苯乙醇所呈现的玫瑰香。

适制红茶品种鲜叶要求茶多酚、咖啡碱含量高，尤其是EGCG（表没食子儿茶素没食子酸酯）、ECG（表儿茶素没食子酸酯）和EGC（表没食子儿茶素）含量要高。鲜叶经萎凋、揉捻、发酵、烘干而成。

（一）原　料

高档红茶以一芽一叶为主，大宗红茶以一芽二三叶为主。

（二）工序和机理

1. 萎　凋

传统做法是采用日光萎凋和室内自然萎凋相结合，先是日光萎凋1小时左右，再在温度25℃、相对湿度80%左右的室内自然萎凋10～15小时。如相对湿度低于70%，室内自然萎凋8～10小时。当鲜叶失去光泽，芽叶萎蔫，嫩茎折而不断，略有青香逸出即可。

规模化生产采用萎凋槽萎凋。车间温度25℃，相对湿度75%左右，萎凋槽摊叶厚度15～20cm，先鼓室内自然风，再鼓30～35℃的热风，然后又鼓室内自然风，鼓风时间各约1/3。中小型萎凋槽的风量每小时17000～20000m³，大型萎凋槽每小时风量55000～65000m³，风量大小以不吹散叶层为度。为使萎凋均匀，中间需翻叶2～3次。全程需8～12小时。萎凋失水率在15%～20%，也即萎凋叶含水率在58%～64%，特征是芽叶绵软，叶色变暗，折梗不断。

2. 揉　捻

依产量选用不同规格的揉捻机（表2-8）揉捻，按轻—重—轻加压方式揉90分钟左右，以茶汁揉出、黏附茶叶表面，部分嫩筋叶泛橙黄色为度。

3. 发　酵

（1）发酵机理　发酵是红茶制作的关键工序。发酵的机理是，让芽叶中的儿茶素在多酚氧化酶和过氧化物酶的作用下氧化成茶黄素和茶红素。儿茶素是存在于细胞的液泡里面的，而在细胞原生质里的叶绿体和线粒体中含有多酚氧化酶和过氧化物酶。当萎凋叶揉捻时，细胞的半透性液泡膜受到损伤，泡液渗出，白色的儿茶素便与氧化酶接触，发生酶促氧化，产生黄色的儿茶素邻醌，随后聚合形成联苯酚醌，联苯酚醌的氧化生成茶黄素，呈橙黄色，是决定红茶汤色明亮度和金圈厚薄以及滋味鲜爽度的主要成分。茶黄素再氧化产生茶红素，呈红色，是红茶汤色红艳和滋味甜醇的主要成分。茶红素再进一步氧化并与氨基酸等物质聚合，最后形成了茶褐素，它呈暗褐色，是使红茶汤色发暗和滋味淡薄的主要成分。萎凋重，长时间缺氧或持续高温发酵，都是茶褐素大量生成的主要原因（图2-9）。

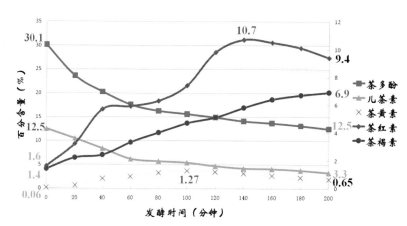

图 2-9　红茶发酵过程中茶多酚等的消长

红茶发酵程度与汤色香气的关系以及茶黄素、茶红素和茶褐素与红茶品质的关系见表2-9与表2-10。

表 2-9　红茶发酵程度与汤色香气的关系

发酵程度	汤　色	香　气
不足	橙黄	带有青气（发酵叶味）
轻	橙红	有花香
中	红带金圈	花香甜润
较重	红浓	果香
重	红褐	有酸味

表 2-10 茶黄素、茶红素和茶褐素与红茶品质的关系

项 目	茶黄素（TF）	茶红素（TR）	茶褐素（TB）
占干物质总量	0.3% ~ 1.5%	5% ~ 27%	4% ~ 9%
色泽	金黄色	红色	褐红色
滋味	辛辣，有强收敛性	收敛性较强，味甜醇	平淡，稍甜醇
对汤色影响	与明亮程度和金圈的厚薄有关	与红艳度有关	暗褐
对滋味影响	与强度和鲜爽度有关	与甜醇度有关	淡薄

（2）发酵方法 将揉捻叶置于木制或篾制发酵筐内，摊叶厚度8~12cm，不作揿压，上面加盖清洁湿布，放在相对湿度95%，温度在25℃~28℃的发酵室内，发酵叶的温度保持在30℃左右。制1kg红茶，需消耗氧气4~5L，所以必须保持发酵室空气流通新鲜。一般春茶发酵约3~5小时，夏秋茶2~3小时（时间亦与揉捻程度有关）。当发酵叶呈紫（赤）铜色，有果香散发时即可。发酵结束后的茶叶含水率在56%~60%，随后进行烘干。

专用红茶发酵机如YX-6CFJ-5B红茶发酵柜，可自动控温控湿，喷雾供氧，操作方便，发酵效果好，尤适用于高档红茶发酵。

4. 干 燥

一是通过高温烘干，抑制酶的活性，终止发酵进程，避免重度发酵；二是大量散发水分，使茶叶干燥，同时还具有整理条索、固定形状、提高香气、增强滋味醇厚度等作用。用自动烘干机分两次烘，第一次初烘，温度110~120℃，时间10~15分钟，烘至含水率约18%~20%。摊凉30~40分钟后进行第二次足烘，温度85~95℃，时间15~20分钟，烘至含水率5%~6%。不论初烘或足烘，温度都不宜高，否则干茶易枯褐，有高火或老火味。

近年来出现的新工艺红茶，主要是在萎凋过程中进行1~2次摇青，每次5~8分钟（类似乌龙茶摇青），用以增进花香，减少苦涩味；第二是轻揉捻，揉捻时长1小时左右；再一个发酵时长不超过3小时；足烘最后2~3分钟适当提高温度，以增添焦糖香。相比传统红茶，由于形成的茶黄素、茶红素相对较少，干茶色泽不够乌（红）润，汤色橙黄不红艳，无金边，有的稍有青气或火功味。

图 2-10　传统红茶

图 2-11　新工艺红茶

四、乌龙茶工艺

乌龙茶属于半发酵茶。主要工序有晒青、做青（多次晾青和摇青）、炒青、揉捻、烘干、包揉、干燥。总体品质特征是：干茶青褐（故也叫青茶），汤色金黄或橙黄，香气馥郁幽长，有花果香或花蜜香，滋味浓醇回甘，叶底绿中有红。

乌龙茶的前半部分工艺类似于红茶，即摇青（相当于揉捻），使叶片边缘部分破损，发生酶促氧化，叶边泛红色。后半部分类似于绿茶，即炒青（杀青），高温将酶杀死，使没有氧化的叶片部分保持绿色，这样便形成了乌龙茶特有的"绿腹红镶边"特征。

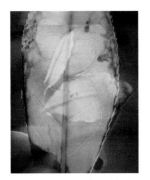

图 2-12 绿腹红镶边

以闽南春季乌龙茶工艺作一介绍。

（一）原 料

以晴天（阴雨天一般不采制）9:00—15:00（午青）"小至中开面"时采对夹二、三叶或三、四叶。鲜叶采后不可损伤或失水太多，否则叶脉、茎间水分输送受阻，做青"走水"不正常，易造成"死青"。

图 2-13 开面叶——从左到右大开面、中开面、小开面

（二）晒 青

在11:00之前或15:00之后的弱日光或中等强度日光下晒20～30分钟，其间翻拌2～3次，使晒青程度均匀。失水率为5%～10%。

（三）做 青

做青是指摇青和晾青，是乌龙茶加工的关键工序。乌龙茶的香气主要是轻度萎凋叶在反复摇青的过程中产生的。形成乌龙茶香气的主要成分橙花叔醇之类的萜烯醇，在鲜叶中是以糖苷的形式存在的，当鲜叶经过萎凋和摇青，尤其是叶子受到机械损伤后，在糖甙酶的作用下，萜烯醇类糖甙进行分解，使萜烯醇变成游离状态，从而透发出浓郁的花香。正常情况下，鲜叶晒青前细胞膨压大，叶片呈饱满状态，晒青后略呈萎蔫状，晾青后又显饱满状态，摇青后稍呈萎蔫状，如此反复。做青结束后，叶片叶缘垂卷，叶质柔软，叶背翻卷成汤匙状，叶尖、叶缘出现较多红斑，有清香或花果香逸出。做青间温度为20～26℃、相对湿度65%～75%。摇青和晾青交替进行4～5次，总历时10～12小时。

1. 摇　青

摇青又称"浪青"，青叶多次在摇青机或摇青筛中滚动、振荡，使叶片互相碰撞摩擦，叶片边缘部分破损发酵，使多酚类、色素类等物质发生酶促氧化，起到香气组分转化以及青草气挥发等作用。

摇青用摇青机，一般分4次摇，第一次2分钟，第二次4分钟，第三、四次都是8-10分钟，共22-26分钟。少量的亦可用手"碰青"，即双手托住青叶翻动，相互碰撞。

2. 晾　青

在晒青后与摇青前后，将青叶摊放于室内让其自然萎凋，称之为晾青。它使晒青叶或摇青叶的叶片中部、叶脉、嫩茎水分均衡分布，称作"走水"。将摇青叶摊放在水筛或网筛里，放置在萎凋架上。第一次摊叶厚2～3cm，晾1～1.5小时，第二次摊叶厚3～5cm，晾2～2.5小时，第三次摊叶厚10～12cm，晾3～3.5小时，第四次摊叶厚12～15cm，晾3～5小时，共晾9～12.5小时。

图2-14　晾青

（四）炒青（杀青）

用锅式或滚筒杀青机，锅体温度在300℃以上，炒青叶含水率达到60%左右。

（五）揉　捻

一般一次炒青叶装一桶揉捻机，热揉或温揉，快速加压，时间10~25分钟，以茶汁外溢为度。揉后解块。如果不做成颗粒状的则下一步直接进入烘干。

（六）包　揉

又称团揉。将揉捻叶趁热放入方布巾中包成球状，再将包球放入包揉机中进行转、揉、挤、压，时间1~2分钟，待包紧实后松包解块。根据需要可重复包揉4~6次。经包揉后的茶叶成蜻蜓头状或颗粒状。

图 2-15　布巾包揉　　　　　　　　图 2-16　乌龙茶初包机

（七）烘　焙

烘焙的目的：一是抑制残余酶的活性，防止继续氧化；二是促使内含物质进行热化学变化，提高香味；三是失水干燥，固定形状。烘焙包括初焙、复焙、足干。初焙又称毛火、初烘，复焙又称复火、复烘，足干又称足火、炖火。有的复焙和包揉（团揉）工艺交替进行。炖火是采用文火慢焙，以增进滋味的鲜醇度。烘焙至手搓成末，折梗易断，色泽油润，香气突显，含水率在5%~6%即成。烘焙机具及各项参数见表2-11。

表 2-11　乌龙茶烘焙不同机具参数

（中国茶产品加工，2011）

机　具	焙　次	温　度（℃）	摊叶厚（cm）	时　间
烘干机	初焙	110 ～ 120	1 ～ 2	6 ～ 8min
	复焙	80 ～ 100	2 ～ 3	6 ～ 8min
	足火	80	2 ～ 3	10 ～ 15min
	炖火	50 ～ 60	4 ～ 6	3 ～ 4h
焙笼	初焙	100	1 ～ 2	6 ～ 8min
	复焙	80 ～ 90	2	6 ～ 8min
	足火	80	2 ～ 3	10 ～ 15min
	炖火	50 ～ 60	4 ～ 6	3 ～ 4h

五、白茶工艺

　　传统白茶属于轻微发酵茶，不杀青，不揉捻，只有萎凋、烘焙两种工艺，不会破坏酶的活性，有少量的儿茶素等氧化，所以保留了较多的氨基酸、茶多酚、维生素等物质。白茶外形芽心壮硕，茸毛洁白，芽叶连枝，显毫香，口感清甜，无苦涩味，是自然质朴的茶，初饮茶者易接受。

（一）白茶加工机理

　　白茶要选择茸毛多的品种，不仅外形"色白如银"，而且茸毛含有高氨基酸以及挥发性化合物和黄酮醇类，如苯甲酸衍生物、脂质氧化衍生物和单萜衍生物等，这些对白茶风味品质的形成具有重要作用。

 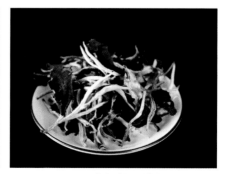

图 2-17　烘焙白茶白面绿底　　　图 2-18　没有烘焙白茶白面黑底

传统白茶工艺有两种，一是萎凋加烘焙，外形白面绿底，香味清纯；二是全程自然萎凋至干燥，亦就是"全阴干"，外形白面黑底，香味欠清爽。

萎凋是白茶加工的关键工序，期间发生的主要生化变化有：

（1）鲜叶在萎凋过程中失水，叶细胞酶活性提高，儿茶素在多酚氧化酶和过氧化物酶催化下，氧化聚合成少量茶黄素、茶红素等有色物质，其中EGCG和ECG比重减少，降低了苦涩味，形成了白茶特有的刺激性不强的香味特征。

（2）蛋白质水解生成游离氨基酸。萎凋6小时后，氨基酸总量及茶氨酸、天冬氨酸减少，谷氨酸有所增加。萎凋6~18小时，氨基酸增加27%左右，其中甜味氨基酸含量的增加有助于白茶甜味的形成。咖啡碱在萎凋过程中变化不大。

（3）因呼吸消耗，萎凋42小时后可溶性糖从萎凋前的2.4%逐渐降至0.5%左右。萎凋42~54小时后，由于淀粉类物质水解成可溶性糖，又升至0.9%左右，这对增进白茶甘醇味有利。

（二）白茶加工工艺

1. 传统白茶工艺

以福建白牡丹为例。

（1）原料 一芽一叶和一芽二叶初展。

（2）萎凋 有室内自然萎凋、复式萎凋（室内自然萎凋辅以日光萎凋）、加温萎凋3种。工序是：萎凋→拼筛→拣剔→萎凋。

①室内自然萎凋 萎凋室通风，无日光直射，清洁卫生，温度22~25℃，相对湿度65%~75%。鲜叶均匀薄摊在萎凋帘或萎凋筛上，厚2~3cm，时间40~50小时。当萎凋达到七八成干时，拣剔后两筛并一筛，摊叶成凹状，继续萎凋12小时左右，达九成干时下筛。

②日光萎凋 春、秋季在室外温度25℃、相对湿度70%情况下，在弱日光下晒30分钟；若温度高于28℃，相对湿度低于65%，则晒15分钟。萎凋叶有微热，即移入室内降温，然后再进行第二次日光萎凋。如此反复2~4次，总时长1~2小时。拼筛、拣剔与室内萎凋相同。

③复式萎凋 在室外温度低于25℃的情况下，在弱日光下萎凋约30分钟，再移至室内自然萎凋至九成干。

④萎凋槽萎凋 阴雨天用萎凋槽加温萎凋。萎凋槽摊叶厚18~20cm，风温30℃

左右，鼓风1小时后停15分钟，其间翻拌数次，萎凋结束前20分钟鼓自然风，前后共萎凋12～16小时。

2. 烘　焙

萎凋叶采用烘干机或焙笼烘焙。烘焙至搓叶成末，折梗易断，含水率达6%。

（1）烘干机烘焙　用6CH–20型自动链板式干燥机。萎凋叶九成干的一次性烘焙，风温80～90℃，摊叶厚3～4cm，烘至足干，历时约20分钟。萎凋叶六七成干（含水率在45%～53%）的分2次烘焙，初烘风温90～100℃，摊叶厚3～4cm，历时约10分钟，初烘后摊凉0.5～1.0小时。足火风温80～90℃，摊叶厚约3～4cm，烘至足干，历时约20分钟。

（2）烘笼烘焙　萎凋叶九成干的一次性烘焙，每笼摊叶0.5～1kg，温度40～50℃。萎凋叶六七成干的分2次烘焙，初烘每笼摊叶约0.75kg。摊叶下衬白布或白纸，以防灼伤芽毫，温度70～80℃，约30分钟后摊凉0.5～1小时。足火温度40～50℃，每笼约1kg。烘焙过程中翻拌数次，烘至足干。

3. 新工艺白茶加工

新工艺白茶亦称"新白茶"，特点是条索紧卷，叶张略有皱褶，暗绿带褐，汤色橙黄或橙红，清香，味醇清甘。

（1）鲜叶标准　一芽二三叶和同等嫩度对夹二三叶，相当于贡眉原料标准。

（2）萎凋　有室内自然萎凋和加温萎凋。

①室内自然萎凋　鲜叶薄摊于萎凋帘上，历时48～70小时，要求嫩叶重萎凋，老叶轻萎凋。待叶色暗绿，微显清香即可。

②加温萎凋　加温萎凋方法同传统白茶。萎凋后进行堆青，即将萎凋叶松散装在篾篓30～40cm厚，叶温控制在25℃左右，历时3～5小时。要避免温度过高产生发酵。萎凋程度与自然萎凋相同。

（3）揉捻　是新白茶工艺特点，目的在于改善因原料偏老，外形粗松、滋味淡薄问题。揉捻机稍加压或轻压揉捻10～15分钟，揉至外形稍呈条索状即可。

（4）烘焙　用烘干机快速烘干，风温120℃左右，以手搓叶成末，折梗易断为度。

（5）再制　烘焙后的茶经筛分、风选、拣剔后再进行一次烘焙，风温130～140℃，温度提高有利于稍显火功香，消除粗涩味，这也是新白茶工艺的又一特点。

六、黄茶工艺

黄茶是六大茶类之一，产销量最少。黄茶有闷黄工艺，属于轻发酵茶。无专用适制品种，一般都是采用当地群体种。按鲜叶采摘嫩度和工艺特点分黄小（芽）茶和黄大茶。传统黄小茶主要有湖南的君山银针、沩山毛尖、北港毛尖，四川的蒙顶黄芽，安徽的霍山黄芽，浙江的平阳黄汤、莫干黄芽，湖北的远安鹿苑等，主销北京、天津、长沙、武汉、成都等城市。黄大茶有安徽的六安黄大茶、广东的大叶青等，主销山东沂蒙地区（当地称老干烘）和山西太行山一带。

（一）黄茶加工机理

黄茶工序有杀青、揉捻、闷黄、干燥。闷黄是黄茶特有的工艺，主要是茶叶在湿热条件下，长时间的堆闷使叶绿素a与叶绿素b大量降解，如经6小时闷黄，叶绿素总量仅为杀青叶的46.9%（表2-12），而较稳定的类胡萝卜素保留量较多，使叶绿素和类胡萝卜素的比值下降，导致干茶与叶底色泽变黄。同时，在高温高湿条件下，茶多酚、氨基酸等发生氧化、缩合反应，水浸出物、茶多酚、儿茶素和氨基酸有明显降低（表2-13），如闷黄6小时后，三者的含量分别为杀青叶的88.6%、77.6%和83.5%。据氨基酸组分测定，闷黄6小时，茶氨酸含量减少22.4%，谷氨酸减少9.9%，苯丙氨酸减少21%。这样最终导致黄茶汤色橙黄，茶汤醇厚度比同样原料制的绿茶有所降低。

表 2-12　闷黄过程中叶绿素含量的变化

（中国茶产品加工，2011）

项　目	叶绿素a		叶绿素b		总　量	
	含量（mg/g）	相对（%）	含量（mg/g）	相对（%）	含量（mg/g）	相对（%）
杀青叶	0.97	100	0.59	100	1.56	100
闷 2h	0.82	84.5	0.38	63.8	1.20	77.0
闷 4h	0.71	72.7	0.29	48.9	1.00	64.1
闷 6h	0.56	57.7	0.17	29.1	0.73	46.9

表2-13　闷黄过程中水浸出物、茶多酚和氨基酸含量的变化

（中国茶产品加工，2011）

项　目	杀青叶（%）	闷2h（%）	闷4h（%）	闷6h（%）
水浸出物	39.53	38.12	36.88	35.04
茶多酚	29.79	27.56	25.67	23.12
氨基酸	1.03	0.96	0.92	0.86

用来闷黄的茶坯（在制品）含水率一般在40%～50%。在闷黄工序中，各种黄茶有不同的时间段，如蒙顶黄芽杀青后闷黄，北港毛尖、鹿苑茶揉捻后闷黄，君山银针、黄大茶初烘后闷黄，平阳黄汤是边烘边闷，即闷烘黄。黄茶的香型有花果香、清香、烘烤香、玉米香等，甘醇是黄茶滋味的典型特征。

（二）黄小茶工艺

总体品质特征是：色黄，汤黄，叶底黄，香气清纯，滋味甜爽。以君山银针为例。

1. 鲜叶采摘与摊青

采摘春茶单芽和一芽一叶初展叶。阴凉处薄摊4～6小时，中间不翻动。

2. 杀青与摊凉

手工杀青，锅温120℃左右（离锅底5cm处的锅腔温度），投叶量300g/锅，经3～4分钟后，锅温降至80℃，炒至芽叶萎软，有青香逸出。杀青减重率约30%。出叶后先簸扬散热，再摊凉10～20分钟。

3. 初烘与摊凉

将制品分成3份，放于烘笼上，用50～60℃的炭火烘焙约25分钟，期间每隔4～5分钟翻1次。烘至五六成干，倒出摊凉10～20分钟。同批茶汇总。

图2-19　炭火烘焙

4. 初包发酵

摊凉后的茶叶用双层皮纸按1000g或1250g包成1包，置于铁箱或木箱中，封盖40~48小时，中间翻包1~2次通氧，待芽叶呈橙黄色时进入复包发酵。

5. 复包发酵

主要是弥补发酵不足，用双层皮纸包好后置于箱中20~22小时，至茶叶色泽金黄，香气浓郁即可。

6. 足 干

烘笼温度50~55℃，一次烘叶量500g，烘至含水率5%。

图2-20 初包闷黄的茶叶

（三）黄大茶工艺

黄大茶主产于大别山一带的安徽霍山、六安、金寨、岳西和湖北的英山等地。采摘一芽四五叶，品质特点是：梗叶金黄显褐，汤色深黄显褐，叶底黄中显褐，滋味浓醇焦香（锅巴香）。具体工艺按霍山黄大茶的传统制法作一介绍。

图2-21 黄大茶

1. 采摘标准

春茶在5月初开采，采摘叶大梗长的一芽四五叶，共采3~4批。夏茶在6月上旬采1~2批。采回的鲜叶摊放在洁净场所，摊至茶叶萎蔫。

2. 加 工

分炒茶（杀青和揉捻）、初烘、堆积、烘焙等工序。

（1）炒茶 三锅相连操作。将铁锅砌成生锅、二青锅、熟锅三锅相连的炒茶灶，锅体呈25°~30°倾斜。用竹箬丝扎成长1m、前端直径约10cm的炒茶把（竹丝把）。生锅用来杀青，锅腔温度180~200℃，投叶量每锅0.25~0.5kg。炒时两手持炒茶把，在锅中翻抖扬茶叶，时间3分钟左右，待叶质柔软，即扫入第二锅中。二青锅主要用作继续杀青和初步揉条，锅温约160℃，炒时用力比生锅大，使叶子顺着炒把转，起揉捻作用。当叶片成条，茶汁粘着叶面，有黏手感时，进入熟锅。熟锅主要是为了进一步做细茶条，锅温约130~150℃。此时，叶子比较柔软，用炒把旋炒搓揉，茶叶被圈到箬丝间（俗称"钻把子"），稍加抖动，叶子又散落锅中，这样反复操作，促使粗老叶成条。炒至有茶香，即可出锅。

（2）初烘　炒后立即用竹制小烘笼炭火高温快烘，笼顶温度110~120℃，茶叶温度70~80℃，每烘笼烘叶量2~2.5kg，每2~3分钟翻1次，约烘30分钟，达七八成干、有刺手感、折之梗断皮连时即为适度。

（3）堆积　是黄变的主要工序。将初烘叶趁热装入竹制篓内，盖以棉布，置于高燥的烘房内，烘房温度40~50℃，经6~8天，待叶色变黄，香气透露即可。

（4）烘焙　①毛火（拉小火）：用烘笼烘焙，温度80~90℃，低温慢烘，以进一步促进黄变和散失水分，下烘后趁热再闷黄5~8天。②足火（拉老火）：温度120~130℃，茶叶温度80℃，每一烘笼摊叶量12kg左右。1分钟内要翻动数次。烘至茶梗金黄，折梗易断，梗心菊花状，芽叶黄褐起霜，焦香显露时即成。下烘后要趁热装箱密封，可起到热处理作用。

七、黑茶工艺

黑茶属于后发酵茶。由于渥堆发酵，胞外酶、生物热以及微生物自身代谢发生的协同作用，使茶叶中的多酚类、蛋白质、糖类等自动氧化、降解、聚合，并生成多种微生物，产生了茶褐素和特殊的陈香味。渥堆的温度、湿度和时间是重要的技术因子。

用来制黑茶的原料是烘青或晒青茶。采用人工陈化的黑茶包括湖南安化黑茶，湖北老青茶，四川南路边茶，广西六堡茶，云南普洱茶、普洱沱茶等。它们的共同点是，一是采用当地群体品种，二是原料较粗大，三是都有渥堆（堆积）发酵过程。主要区别是鲜叶的嫩度和渥堆的时间段不一样，如老青茶（里茶）和南路边茶（做庄茶）采割枝（青梗）叶在杀青后渥堆；一级安化黑茶采一芽三四叶，一级六堡茶采一芽二三叶，在杀青、揉捻后湿坯渥堆；普洱茶、普洱沱茶以大叶种一芽二三叶至四五叶制成的晒青茶也即晒干后渥堆。

（一）黑茶的种类

1. 湖南黑茶

主产安化、益阳、桃江、临湘等地。基本工序是鲜叶→杀青→初揉→渥堆→复揉→干燥。按工艺和形状分为：

（1）黑砖茶　长35cm×宽18cm×厚3.5cm的长方块，重2000g，砖面色泽黑褐，香气纯正，滋味浓厚微涩，汤色红黄微暗，叶底暗褐。

（2）花砖茶 旧称"花卷茶"，即是将茶叶制成高1.47m，直径20cm的圆柱体，重量正好是老秤（十六两制）的1000两[①]，所以又称"千两茶"。现今有制成100两（十两制）的称"百两茶"。品质特征和黑砖茶基本相同。

（3）茯砖茶 又称"湖茶"，因在伏天压制，故又叫"伏茶"。茯砖茶是长35cm×宽18.5cm×厚5cm的长方砖，重2000g。茯砖茶压制要经过蒸汽沤堆、压制定型、发花干燥等工序。砖面色泽黑褐，香气纯正，滋味醇厚，汤色红黄明亮，叶底暗褐。砖内的金黄色斑状粉末，特制茯砖称"金花"，普通茯砖称"黄花"，干闻有黄花清香，它是灰绿曲霉的菌孢子群，具体菌种是冠突散囊菌。灰绿曲霉分泌的淀粉酶和氧化酶，能使淀粉转化成糖，同时促使多酚类化合物氧化，使茶的粗涩味消失，产生特殊的香味，所以"金花"被看作是优质茯砖茶的标志。

2. 广西六堡茶

因产于苍梧县六堡乡而得名，原料为一芽二三叶至四五叶。特征是黑褐光润，汤色红浓，香气醇陈，滋味甘醇爽口，叶底铜褐色，有松烟味和槟榔味。

3. 云南普洱茶、普洱沱茶

主产于西双版纳、普洱、临沧、保山、下关等州（市）。普洱茶是用云南大叶茶一芽三四叶制成的晒青茶为原料，加水渥堆发酵干燥而成，又称普洱散茶。用普洱散茶压饼的称普洱熟茶，用晒青茶不经过渥堆发酵直接压饼的称普洱生茶。饼茶又称圆茶，每饼重357g，饼直径20cm，中心厚2.5cm，边厚1.3cm。用专用纸包装后，每7个饼装入一篾篓中（也有用竹笋叶作外包装的），故又称七子饼茶。普洱熟茶品质特征是：外形圆整，色泽黑褐油润，汤色深红褐色（琥珀色），香气陈香或樟香，滋味浓醇滑口，叶底呈猪肝色。

图 2-22 普洱茶

图 2-23 普洱沱茶

---

① 两，非法定单位，1两＝50g，全书特此说明。

普洱沱茶又名下关沱茶、云南沱茶。用普洱散茶作原料，放于外径8cm、高4.5cm的模具中压制而成。外观呈碗臼状，色泽褐红，汤色红浓，有独特的陈香，滋味醇厚回甘。

（二）黑茶加工

举以下例。

1. 安化黑毛茶加工

（1）杀青　用当地中小叶群体种。鲜叶较粗大，杀青前按10%左右的比例给鲜叶洒水。雨水叶、露水叶、一级叶不洒。用滚筒式杀青机杀青，杀青温度略高于大宗绿茶，杀青过程中不开或少开排风扇，以增加闷炒时间，使鲜叶杀匀杀透。

（2）揉捻　用55型等揉捻机，初揉在杀青后趁热揉，揉捻机每分钟37转，要轻压，时间15分钟左右。揉捻后嫩叶卷成条，粗老叶大部分皱折，小部分成泥鳅状，茶汁流出，叶色黄绿。初揉后茶坯解块，进行复揉，以中压为主，时间10分钟左右，此时茶坯含水率在65%。

（3）渥堆　渥堆场所最宜用木质地板，车间要清洁，无异杂味和避开日光直射，室温在25℃以上，相对湿度在85%左右。渥堆前可按茶叶重量的20%～30%比例浇少量清洁水，然后将茶堆成高约1m、宽70cm的长方形堆，上盖湿布等物。正常情况下，开始渥堆叶温为30℃，经过24小时后，堆温可达43℃左右，此时茶堆表面出现凝结的水珠，叶色由暗绿变为黄褐，茶堆内部发热。当堆温超过45℃时，要翻拌，以茶叶黏性减小，茶块易打散为适度。如果叶色黄绿，有青气味，黏性大，茶块不易分散，则需继续渥堆。凡有黏滑感，伴有酸馊味，搓揉叶肉叶脉成"丝瓜瓢"状，叶色乌暗，表明渥堆过度。

图2-24　渥堆茶翻堆

（4）干燥　黑毛茶传统干燥方法是用专制的七星灶，将茶叶放在焙帘上，用松柴明火烘焙，茶叶带有松烟香味，俗称"松茶"。操作时，当焙帘温度达到70℃以上，撒上厚2～3cm的第一层茶坯，每隔5～6分钟翻拌1次，使茶坯均匀受热。烘至六七成干时，再撒第二层茶坯，以此连续撒五到七层，总厚度18～20cm。当最后一层茶坯烘到七八成干时，即退火翻焙，把上下层茶坯互拌，使干燥均匀。全程3～4小时，烘至茎梗易断，手捏叶成末，含水率8%～10%即为适度。

用烘干机干燥，分2次烘，第一次毛火，进口温度在80～90℃，时间10～15分钟，烘至含水率18%～20%，摊凉1小时左右。足火温度70～80℃，时间15～20分钟，烘至含水率8%～10%。

2. 安化茯砖茶加工工艺

茯砖茶是再加工茶，用黑毛茶作原料，通过蒸汽蒸、渥堆发酵、熬制茶汁、蒸压定型、发花干燥等工序制作而成。主要工序有：

（1）原料　特制茯砖茶用三级黑毛茶，普通级用三、四级黑毛茶，并拼配其他茶。

（2）汽蒸　借湿热作用，促进理化变化，消除青杂味，除去杂菌。放在专用蒸茶机内蒸，温度100℃左右，时间50秒，蒸气压力6kg/cm^2，蒸至茶叶潮湿变软，含水率达到17%左右。

（3）渥堆　将蒸过的茶叶堆成2～3m高的长方形茶堆，经3～4小时，叶温达到75～80℃，叶色变黄褐，粗老气消失，将茶堆扒开，待叶温降至45～55℃时，再将茶堆高度降低到1.5m左右。

（4）加茶汁　每块茶砖茶坯（渥堆叶）加入事先用茶梗和茶籽壳熬制的茶汁200～300g，搅拌调匀，茶坯的含水率在23%～26%。

（5）蒸茶　用蒸汽蒸5～6秒，使茶坯变软、有黏性。

（6）装匣压制　在匣内放上木衬板和铝底板，涂少量茶油，将茶坯填入匣内扒平，四角匀整，趁热盖上刻有花纹和字的模板。

（7）压制定型　分预压和压砖。预压是将茶匣放在预压机下先压缩茶坯体积，再用压力为80t的压力机压制定型。压砖的关键是不能压得太紧，砖体较松，以利微生物生成。

（8）冷却退砖　压制定型后放置冷却，砖温由80℃降至50℃左右，需时90～120分钟，退砖后用包装纸包装。

（9）发花干燥　这是茯砖茶的特有工艺。将茶砖按2cm左右的间距排列在烘架上，放置在温度26～28℃、相对湿度75%～85%的烘房内12～15天，让其"发花"。发花期烘房温度不能太高，并且适当通风。发花期过后进入干燥期，烘房温度自30℃逐渐上升至45℃，相对湿度则逐渐降低到50%以下，待茶砖含水率达到14.5%左右时，结束烘干，冷却包装。发花干燥全程约20～22天。

3. 普洱茶、普洱沱茶加工工艺

（1）渥堆发酵　将拣剔过的晒青茶堆成1～1.5m高的茶堆，泼水（又称潮水，是茶叶重量的25%～30%），盖上棉布，堆内温度可升至60℃左右。在湿热作用下，茶多酚等生化成分发生变化，如产生大量对人体有利的没食子酸等，同时保留和生成更多的微生物，如黑曲霉和酵母菌，另有青霉、根霉、灰绿曲霉、白曲霉、黄青霉等。人工渥堆发酵一般需45～60天。为不使温度过高而造成堆内茶叶炭化"烧心"，需不定期翻堆和补水。

图 2-25　茶叶渥堆

图 2-26　普洱散茶

（2）蒸茶 按照需要秤重，在专用蒸汽灶上蒸8～12秒。

（3）压模和脱模 蒸过的茶立即用专用三角袋（白布）包扎或放入甑内加压定型。加压过的茶饼或茶坨即时脱模取出。

（4）干燥 脱模后放于45℃的烘房晾架上，搁置3～5天，亦可置于通风、清洁、无异味的晒棚内干燥。干至茶叶含水率9%左右即可。

4. 湖北青砖茶加工工艺

又称湖北老青茶，主产赤壁（蒲圻）、咸宁、通山等市（县）。工序有：鲜叶→杀青→初揉→初晒→复炒→复揉→渥堆→晒干。青砖茶原料较粗老，叶中带梗。每片青砖茶重2kg。外形色泽青褐，香气纯正，滋味尚浓，汤色红黄，叶底暗黑。

5. 四川南路边茶

以雅安、乐山为主产地。鲜叶杀青后经多次蒸揉和渥堆后干燥，又称"做庄茶"。成品茶有的细嫩，有的含有部分茶梗，色泽棕褐如猪肝色，汤色红黄，茶香浓陈，滋味醇和，叶底棕褐。

第三章

Chapter 3　　　# 绿茶品种

按茶的形状，分别叙述各适制品种。

第一节　扁形茶

扁形茶属于炒青茶。知名的有西湖龙井、钱塘龙井、越州龙井、千岛玉叶、太湖翠竹、峨眉竹叶青、湄潭翠芽等。要求品种发芽早，芽叶较纤细，芽体无毛或少毛，黄绿或嫩绿色，芽长于叶，如特级西湖龙井芽叶长2.8cm，宽0.8~1.0cm。

1. 龙井群体种

产浙江省杭州市西湖区。据史料记载，东晋时西湖山区已植有茶树，不过，到明末清初（1644年前后）才有了龙井茶名称，到了清末民初才初步奠定了西湖龙井茶的手工炒制工艺。

西湖龙井是历史名茶。龙井群体种是西湖龙井的当家品种，省审定品种。有性系。灌木型。中小叶，叶形有椭圆、长椭圆、卵圆、披针形等。芽叶纤细，有绿、黄绿、微紫色，芽叶茸毛中等。中生，一芽一叶盛期在4月上旬。产量较高。含茶多酚19.7%，氨基酸4.0%，咖啡碱3.4%。酚氨比4.9。春茶一芽一叶和一芽二叶初展时手工炒制西湖龙井。采用摊青、青锅、回潮、辉锅等工艺，用抖、搭、拓、甩、抓、捺、推、扣、磨、压"十大手法"制作而成。香气（兰香）清鲜隽永，滋味鲜爽甘醇，"色绿、香郁、味甘、形美"是西湖龙井"四绝"。西湖龙井是著名历史名茶，是1959年"全国十大名茶"之一。制高档龙井茶需要选择黄绿或淡绿色、纤细少毛的芽叶。

杭州西湖区周浦一带采摘龙井群体种一芽一二叶用来制的九曲红梅为历史名茶，汤色、香气清如红梅，滋味醇正，是1929年西湖博览会"十大名茶"之一。

图3-1　龙井群体种茶园

图3-2　群体种西湖龙井

2. 龙井43

由中国农业科学院茶叶研究所从龙井群体种中单株选育而成。国家审定品种。无性系。灌木型。中叶，叶椭圆形。芽叶纤细、绿稍黄色，春梢基部有花青苷呈现的淡红点，茸毛少。特早生，杭州一芽一叶盛期约在3月下旬中后期。产量高。含茶多酚15.3%，氨基酸4.4%，咖啡碱2.8%，水浸出物51.3%。酚氨比3.5。手工制西湖龙井，扁平尖削、翠绿略黄，香气清高孕兰，滋味嫩鲜。宜用一芽一叶制龙井等扁形茶，也适制针形绿茶。芽叶持嫩性较差，需及时采摘。抗性强，适应性广。因发芽特早，需防倒春寒危害。易罹生茶炭疽病，需及时防治。

图3-3（a）　龙井43母株

图3-3（b）　龙井43西湖龙井

3. 中茶108

由中国农业科学院茶叶研究所用龙井43嫩枝辐照处理选育而成。国家鉴定品种。无性系。灌木型。中叶，叶椭圆形。芽叶纤细较薄、淡绿色、茸毛少。特早生，杭州一芽一叶盛期在3月中旬末。含茶多酚12.0%、氨基酸4.8%、咖啡碱2.6%、水浸出物48.8%，酚氨比2.5。手工制西湖龙井，苗锋挺秀、色泽绿翠，香气清幽，滋味清爽嫩鲜。抗寒性强。适宜用一芽一叶和一芽二叶初展叶制扁形茶，亦可制针形绿茶。适应性广。因发芽特早，需防倒春寒危害。

图3-4（a） 中茶108芽叶

图3-4（b） 中茶108茶园

4. 嘉茗1号

又名乌牛早。产浙江省永嘉县罗溪乡。省审定品种。无性系。灌木型。中叶，叶椭圆或卵圆形，叶尖钝尖。芽叶绿色，茸毛中等。特早生，一芽一叶盛期在2月下旬，长势强，芽叶由枝干从下而上同时生长。产量高。含茶多酚13.1%、氨基酸4.7%、咖啡碱2.4%、水浸出物48.2%，酚氨比2.9。制创新名茶大佛龙井，扁平光润、翠绿匀润，嫩香持久，鲜爽甘醇。宜用单芽或一芽一叶制龙井等扁形茶，亦适制毛尖茶。因适制性广，可生产组合茶类。抗性强，适应性广。发芽特早，需防倒春寒危害。

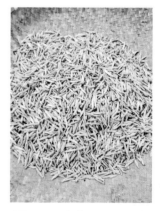

图3-5 嘉茗1号2月中旬单芽

5. 浙农117

由浙江大学茶叶研究所从福鼎大白茶与云南大叶茶自然杂交后代中采用单株选育法育成。国家鉴定品种。无性系。灌木型。中叶，叶长椭圆形，叶色深绿，叶尖骤尖。芽叶绿色，茸毛中等或偏少。早生，杭州一芽一叶盛期在3月下旬或4月初，芽叶持嫩性强。产量高。含茶多酚17.2%、氨基酸3.2%、咖啡碱2.9%、水浸出物46.7%，酚氨比5.4。采摘一芽一叶制龙井茶，外形挺削、色泽绿润，花香持久，滋味鲜爽。亦适制月牙形绿茶和红茶。抗寒性和适应性强。

图3-6 浙农117新梢

6. 鸠16

由浙江省淳安县农业技术推广中心等从鸠坑群体种中采用单株选育法育成。植物新品种权品种。无性系。灌木型。中叶，叶片长椭圆形，叶面平，叶色绿。芽叶黄绿稍呈白色，茸毛较少，持嫩性强。特早生，一芽一叶初展3月下旬初。产量较高。含茶多酚18.5%、氨基酸5.2%、咖啡碱3.4%、水浸出物49%，酚氨比3.6。氨基酸含量高。适制多种绿茶，制创制名茶千岛玉叶，工艺类同西湖龙井。外形扁平挺削、翠绿嫩黄，栗香饱满，滋味醇厚甘爽。也适制针形绿茶。抗旱性强，抗病虫性强。需防倒春寒危害。

图3-7 千岛玉叶

7. 杭茶21

由浙江省杭州市农业科学院茶叶研究所从鸠坑群体种中采用单株选育法育成。国家登记品种。无性系。灌木型。中叶，叶椭圆形，叶面平。芽叶浅绿色，茸毛中等。特早生，一芽一叶盛期在3月下旬。产量高。含茶多酚18.9%、氨基酸4.5%、咖啡碱3.4%、水浸出物46.0%，酚氨比4.2。用一芽一叶和一芽二叶制千岛玉叶，扁平尖削绿润，汤色嫩黄明亮，香气清高持久，滋味嫩爽甘醇。亦适制月牙形绿茶。需防倒春寒危害。及时防治茶橙瘿螨。

8. 香山早1号

由浙江省三门县珠岙镇等从香山群体种中采用单株选育法育成。国家登记品种。无性系。灌木型。中叶，叶长椭圆形，叶色深绿。芽叶绿色，茸毛少。特早生，一芽一叶期在2月下旬。产量较高。含茶多酚25.0%、氨基酸5.5%、咖啡碱3.0%、水浸出物44.7%，酚氨比4.5。用一芽一叶制创新名茶香山早扁形茶，苗锋尖削嫩黄，香气浓鲜持久，滋味鲜醇。茶多酚和氨基酸含量较高，可创制多种名优茶，尤其扁形和月牙形绿茶等，亦适制红茶。抗倒春寒强。

9. 苏茶早

由南京农业大学等从福鼎大白茶有性后代中采用单株选育法育成。省审定品种。无性系。灌木型。中叶，叶长椭圆形，叶色深绿，叶面隆起。特早生，无锡、宜兴等地一芽二叶期在4月上旬。芽叶绿色，茸毛较多。产量高。含茶多酚15.9%、氨基酸5.6%、咖啡碱2.6%、水浸出物44.5%，酚氨比2.8。氨基酸含量高。制半烘炒创新名茶太湖翠竹（扁形），极品茶采摘单芽，芽长1.5~2cm；一级茶采摘一芽一叶初展叶，芽长2~2.5cm，芽长于叶；二级茶采摘一芽一叶和一芽二叶初展叶，芽长2.5~3cm。工序有摊青、杀青、理条、搓揉、烘干、辉炒。成品茶形如竹叶、色泽绿翠，香气清高，滋味鲜醇。亦适制雨花茶等针形绿茶。需防倒春寒危害。

10. 黔茶1号

由贵州省茶叶研究所从湄潭苔茶群体种中采用单株选育法育成。国家登记品种。无性系。灌木型。中叶，叶长椭圆形。特早生，湄潭一芽二叶期3月下旬。芽叶绿色，茸毛中等。产量高。含茶多酚17.3%、氨基酸4.2%、咖啡碱3.8%、水浸出物45.1%，酚氨比4.1。制创新名茶湄潭翠芽（又名江茶、湄江翠片），特级茶采摘单芽或一芽一叶初展，工序有摊青、杀青理条、二炒整形、三炒辉锅。品质是，光扁平直、芽锋绿翠，嫩香幽雅，滋味甘爽。亦适制卷曲形绿茶，夏秋茶适制红茶。抗小绿叶蝉、茶棍蓟马、黑刺粉虱能力较强。

图3-8　湄潭翠芽

11. 桂绿1号

由广西桂林茶叶研究所从温州黄叶早群体种中采用单株选育法育成。国家鉴定品种。无性系。灌木型，叶片呈上斜状着生。中叶，叶椭圆形，叶色黄绿，叶身稍内折，叶质较硬脆。芽叶黄绿色，茸毛中等。特早生，一芽一叶期在2月中下旬。产量高。含茶多酚23.2%、氨基酸4.4%、咖啡碱2.2%、水浸出物47.1%，酚氨比5.3。采摘一芽一叶制扁形茶，色泽绿黄，香气清高，滋味鲜醇。制"桂红"，花香高久，滋味甘醇。抗性较强。需预防小绿叶蝉和叶螨危害。

第二节　毛峰毛尖茶

毛峰毛尖茶在名优绿茶中数量最多，如黄山毛峰、鸠坑毛尖、庐山云雾、高桥银峰、峡州碧峰、桂林毛尖、遵义毛峰、紫阳毛尖等。要求品种发芽早，芽叶较纤长，茸毛多或特多，绿或黄绿色。

1. 黄山种

黄山产茶历史悠久，据《徽州府志》载："黄山产茶始于宋之嘉祐，兴于明之隆庆。"另据《安徽商会资料》，黄山毛峰于清光绪年间（1875年前后）为谢裕泰茶庄创制。现主产于安徽省黄山市黄山区汤口、谭家桥以及徽州区、歙县、休宁县等地。汤口、岗村、杨村、芳村为黄山毛峰"四大名家"产地。黄山毛峰属半烘炒茶，是历史名茶，1959年"全国十大名茶"之一。

黄山种又名黄山大叶种。国家认定品种。有性系。灌木型。中偏大叶，叶椭圆形。芽叶绿色，茸毛多。中偏晚生，一芽三叶盛期在4月下旬。产量高。含茶多酚21.9%、儿茶素总量11.0%、氨基酸5.0%、咖啡碱4.4%，酚氨比4.4。氨基酸含量高。于清明至谷雨间采制，特级毛峰采一芽一叶初展叶，一级毛峰采一芽一叶至一芽二叶初展。工序有摊放、杀青、揉捻、烘焙等。特级和一级原料在杀青达到适度后，继续在锅内抓炒，起到揉捻和理条作用。烘干温度前高后低，循序降低，在下烘前再适当提高温度，有利于毫香透发。品质特点是：外形匀直壮实、毫锋显露，清香馥郁，滋味鲜浓爽口，叶底嫩黄成朵。也适制祁门工夫红茶。

图3-9　黄山毛峰

2. 柿大茶

是制太平猴魁的当家品种。太平猴魁属烘青茶，创制于1900年前后，历史名茶，获1915年巴拿马万国博览会金奖。产于安徽省黄山市黄山区（原太平县），主产于猴坑、猴岗、颜家等地。因产地叫猴坑，芽尖如"魁首"，各取其一，故名"猴魁"。柿大茶是省认定品种。有性系。灌木型，分枝稀，节间短。大叶，叶椭圆形，似柿叶，叶色绿，叶面隆起，叶缘波状，叶尖钝尖。芽叶淡绿色，茸毛多。中生。产量较高。含茶多酚19.0%、儿茶素总量6.9%、氨基酸3.6%、咖啡碱4.0%、茶氨酸1.7%，酚氨比5.3。谷雨到立夏期间采摘一芽二三叶。工序为杀青、烘干。烘干是太平猴魁成形的关键工艺，分子烘、老烘和打老火3个阶段，烘焙时要将茶叶平伏拉直，以使成形。品质特点是，两叶抱芽，平扁挺直、白毫隐伏、苍绿匀润，兰香高爽，醇厚回甘，称之为"猴韵"。叶底叶脉绿中隐红，俗称"红丝线"，这是太平猴魁的特征。

图3-10　太平猴魁烘焙

3. 鸠坑种

产浙江省淳安县鸠坑乡塘联村一带的鸠坑源。鸠坑产茶约始于东汉（25—220）。清光绪《淳安县志》卷一《山川》记："鸠坑……，地产茶，以其水蒸之，色香味俱臻妙境。"鸠坑种是国家认定品种。有性系。灌木型。有中叶和大叶，叶形有椭圆、长椭圆或披针形等。芽叶绿或深绿色，茸毛中等。中生，一芽一叶盛期在4月中旬。产量高。含茶多酚20.9%、氨基酸3.4%、咖啡碱4.1%，酚氨比6.1。鸠坑毛尖是恢复名茶，属半烘炒茶。采摘一芽一叶至一芽二叶初展叶，工序有摊放、杀青、理条、揉捻、初烘、做形、足火等。品质特点是，条索紧结、翠绿显毫，香气清高，滋味浓醇鲜爽。亦适制月牙形茶雪水云绿，芽锋略扁、色泽嫩绿，香清味醇。

图3-11　鸠坑毛尖（罗立凡供）

4. 惠明茶

茶名同品种名。产浙江省景宁畲族自治县敕木山麓际头、惠明寺一带，全县均有分布。有性系。灌木型。叶片有大叶、中叶，叶长椭圆或椭圆形，叶色深绿，叶身内折，叶面稍隆起。芽叶黄绿色，茸毛多。中生，一芽一叶盛期在4月上旬。产量高。含茶多酚18.1%、儿茶素总量14.8%、氨基酸3.9%、咖啡碱4.6%、水浸出物47.4%，酚氨比4.7。春分前后采摘一芽一叶制惠明茶（炒青），工序有摊放、杀青、揉捻、理条、提毫整形、炒干等。提毫整形是双手先将茶叶在炒茶锅中反复滚搓理条，再单手握住茶在锅壁沿同向旋搓，让白毫显露、茶条弯曲。品质特点是：条索紧结、翠绿显毫，香气清高持久，似兰花香，滋味鲜爽甘醇，有水果味。惠明茶是历史名茶，明成化年间已列为贡品，获1915年巴拿马万国博览会金奖，故又称"金奖惠明茶"。

图 3-12 惠明茶（胡明强供）

5. 紫笋种

产于浙江省长兴县顾渚山、张岭一带。用其制的烘青茶同称紫笋茶。紫笋茶创始于唐代，为历史名茶。唐·陆羽认为，顾渚山茶"芳香甘冽，冠于他境，可荐于上"。由于陆羽的推崇，紫笋茶成了历代贡茶，现今顾渚山还设有贡茶院（茶作坊）。有性系。灌木型。中叶，叶椭圆形，叶色绿。芽叶黄绿色，芽尖微紫色，茸毛中等。中生，一芽一叶盛期在4月上旬。产量高。含茶多酚17.5%、氨基酸3.9%、咖啡碱4.6%、水浸出物45.7%，酚氨比4.5。4月上中旬采摘一芽一叶至一芽二叶初展叶，工序有摊青、杀青、理条造形、烘干。品质特点是：外形芽叶如笋、色泽绿润，香气清高似兰花香，滋味鲜醇回甘，叶底嫩匀成朵。

6. 浙农113

由浙江大学茶叶研究所从福鼎大白茶与云南大叶茶自然杂交后代中采用单株育种法育成。国家审定品种。无性系。小乔木型。中叶，叶椭圆形，叶色绿翠，叶身内折，叶尖骤尖。芽叶黄绿色，茸毛多。早生，杭州一芽二叶期在3月底4月初。产量高。含茶多酚14.2%、氨基酸4.0%、咖啡碱2.7%、水浸出物45.4%，酚氨比3.6。制历史名茶天台云雾茶（原名华顶云雾，属炒青茶），采摘春茶一芽一叶至一芽二叶初展叶，工序有摊青、杀青、整形理条、提毫辉干等。整形理条是用单手将茶叶在锅中往复搓揉，提毫辉干是将茶握在手中从锅底到锅边不断滚搓，边起毫边干燥。品质特点是：条索紧细秀丽、色泽绿润，清香高久，滋味鲜爽。亦可制月牙形绿茶。抗性强。

7. 磐茶1号

由浙江省磐安县农业农村局和杭州市农业科学院茶叶研究所从木禾群体种中采用单株选育法育成。国家登记品种。无性系。灌木型。中叶，叶长椭圆形，叶身稍背卷。单芽到一芽二叶均为黄绿色，芽叶茸毛较多。中生，一芽一叶期在4月初，持嫩性强。产量高。含茶多酚23.1%、儿茶素总量17.5%、氨基酸4.8%、咖啡碱2.8%、水浸出物47.3%，酚氨比3.6。适制多种茶类。所制创新名茶磐安云峰属于烘青茶，采摘春茶一芽一叶初展，芽长于叶，芽长在2.5cm左右。工序有摊放、杀青、做形、烘干等。品质特点是：条索细嫩苗秀、翠绿光润，香气高鲜显花香，滋味甘醇鲜爽。制创新名茶磐安龙尖（龙井茶），锋苗挺秀、色泽绿翠，清香高锐，滋味鲜爽隽永。亦可制毛峰形、月牙形绿茶。夏秋茶制红茶，有花香，滋味甜醇。抗寒和抗高温均较强。

图 3-13　磐茶 1 号芽叶

8. 径山2号

由中国农业科学院茶叶研究所等从鸠坑群体种中采用单株选育法育成。国家登记品种。适制径山茶。无性系。灌木型。小叶,叶片长椭圆形,叶色绿,叶尖锐尖。芽叶绿色,茸毛中等。中生,杭州一芽一叶期在4月上旬。产量较高。含茶多酚18.6%、氨基酸4.3%、咖啡碱2.8%、水浸出物51.7%,酚氨比4.3。采摘春茶一芽一叶和一芽二叶初展叶制的径山茶属烘青茶,工序有摊放、杀青、理条、揉捻、烘焙等。成品茶特点是:条索紧细、绿润显毫,香气清高略显栗香,滋味甘醇鲜爽。亦适制扁形和针形绿茶。抗寒性较强。易感茶小绿叶蝉。用径山群体种制的径山茶为历史名茶。

图3-14 径山茶

9. 福云6号

由福建省农业科学院茶叶研究所从福鼎大白茶与云南大叶茶自然杂交后代中采用单株育种法育成。国家审定品种。无性系。小乔木型。中叶,叶椭圆形。早生,福安一芽一叶盛期在3月上中旬。芽叶淡黄绿色,茸毛特多,持嫩性强。产量高。含茶多酚24.8%、氨基酸4.6%、咖啡碱3.2%,酚氨比5.4。采摘春茶一芽一叶至一芽二叶,经摊青、杀青、揉捻、初烘、复烘等工序制作的创新名茶桂林毛尖属烘青茶,特点是:条索紧直、色泽翠绿显毫,嫩香持久,滋味醇厚回甘。亦适制卷曲形绿茶。抗寒性较强。制作时需适当重揉。

10. 安徽7号

由安徽省农业科学院茶叶研究所从祁门群体种中采用单株育种法育成。国家认定品种。无性系。灌木型。中叶，叶椭圆形，叶色深绿。芽叶淡绿色，茸毛中等。中偏晚生，祁门一芽一叶盛期在4月上旬末。产量高。含茶多酚18.2%、氨基酸3.5%、咖啡碱2.6%、水浸出物50.5%，酚氨比5.2。制恢复名茶敬亭绿雪（半烘炒），条索挺直、绿润显毫，香气清鲜，滋味鲜醇爽口。亦可制卷曲形绿茶，夏秋茶采摘一芽一二叶可制"祁红"。抗寒性较强。

11. 凫早2号

由安徽省农业科学院茶叶研究所从祁门杨树林群体种中采用单株育种法育成。国家审定品种。无性系。灌木型。中叶，叶长椭圆形。芽叶细长，淡黄绿色，茸毛中等。早生，祁门一芽一叶盛期在4月上旬初。产量较高。含茶多酚28.5%、氨基酸4.7%、儿茶素总量12.1%，酚氨比6.1。茶多酚含量高。用于采制历史名茶涌溪火青（炒青），条索圆紧重实、墨绿显毫，香气浓郁，滋味醇厚回甘。亦适制针形绿茶和"祁红"。抗寒性强。

12. 庐云1号

庐山种茶始于东汉，据《庐山志》载，东汉时（25—220）庐山茶已名云雾茶，宋太平兴国年间（976—983），已"兴庐山例贡茶"。

由江西省九江市农业农村局等从庐山群体种中采用单株育种法育成。国家登记品种。无性系。灌木型。中叶，叶长椭圆形。芽叶黄绿色，茸毛中等。特早生，一芽一叶盛期在3月中旬初。产量高。含茶多酚17.2%、氨基酸3.7%、咖啡碱3.5%、水浸出物47.4%，酚氨比4.6。制庐山云雾茶（半烘炒），采摘一芽一叶初展，手工制有摊青、杀青、揉捻、炒二青、理条、搓条、干燥等工序。搓条，即两手相对搓揉茶叶，并在锅中干燥，待茶叶八成干时，将茶条在手中继续旋搓，让白毫显露，最后烘至含水率6%。品质特点是：条索紧细、青翠多毫，香气清高，有豆花香，滋味鲜醇甘爽。亦适制月牙形绿茶。抗茶炭疽病强。庐山群体种制的庐山云雾茶是历史名茶，1959年"全国十大名茶"之一。

图 3-15　庐山云雾茶

13. 狗牯脑种

产于江西省遂川县汤湖镇狗牯脑山，因山体像犬，茶名亦因而取。狗牯脑茶属半烘炒茶。创制于清代，为历史名茶。有性系。灌木型，分枝密。中叶，叶椭圆形，叶色绿，叶身平，叶面平。芽叶淡绿色，茸毛中等。早生。产量较高。含茶多酚22.4%、儿茶素总量15.1%、氨基酸3.8%、咖啡碱4.4%、茶氨酸1.52%。3月底开采，特级茶采一芽一叶初展叶，一级茶采一芽一叶展，二级茶采一芽二叶初展。全在炒茶锅中手工制作，工序有摊放、杀青、搓揉、整形、烘干，其中的揉捻和整形是关键。揉捻是杀青叶出锅后趁余温用双手握住茶叶做半球状揉搓，直至茶汁稍有渗出，再用双手轻炒，稍干后手掌互对，反复在锅内揉团、理条、提毫，最后烘干。品质特点是，条索紧细、绿润显毫，香气清幽，滋味鲜爽甘醇，叶底嫩绿明亮。获1915年巴拿马万国博览会金奖。

图 3-16 狗牯脑茶

14. 南山白毛茶

南山白毛茶属炒青茶，历史名茶。主产于广西壮族自治区横州市（横县）宝华山主峰和政华乡一带。据《广西通鉴》文："南山茶，叶背白茸如雪，萌芽即采，细嫩如针，色味胜龙井，饮之清芬沁齿，有天然荷花香，真异品也。"于清嘉庆十五年（1810）被列为全国二十四个名茶之一。获1915年巴拿马万国博览会银奖。

品种名与茶名相同。有性系。小乔木型，树姿半开张或直立。中叶，叶椭圆形，少数卵圆形，叶色绿或黄绿，叶面平，叶质较厚脆。芽叶黄绿色，嫩芽叶基部多有微紫红色，茸毛多。早生。产量较高。含茶多酚27.0%、氨基酸3.3%、咖啡碱4.5%。茶多酚含量高。一般在春分前10多天采摘一芽一叶，制作工序有摊放、杀青、揉捻、炒干等，制作过程中需要"三揉三炒"，因鲜叶果胶质含量高，易粘手粘锅，所以二炒与三炒之间要洗手洗锅。成品茶特点是：条索紧细微曲、满披茸毫、色泽银白透绿，香气清鲜有荷香，滋味醇厚甘爽。也适制红茶。

15. 白毫早

由湖南省农业科学院茶叶研究所从云台山群体种中采用单株选育法育成。国家审定品种。无性系。灌木型。中叶，叶长椭圆形，叶绿色，叶面平。芽叶绿色，茸毛特多，持嫩性强。早生，长沙一芽二叶期在

图 3-17 高桥银峰（黄建安供）

3月下旬到4月初。产量高。含茶多酚18.6%、氨基酸5.2%、咖啡碱3.6%、水浸出物49.6%，酚氨比3.6。氨基酸含量高。制创制名茶高桥银峰（烘青），条索紧细卷曲、满披银毫，香气清鲜，滋味鲜爽。亦适制白茶，色白如银，尖削如针，香味清爽。抗性强。

16. 碧香早

由湖南省农业科学院茶叶研究所以福鼎大白茶为母本，云南大叶茶为父本，采用人工杂交法育成。省审定品种。无性系。灌木型。中叶，叶长椭圆形，叶面隆起。芽叶绿色，茸毛较多。早生，长沙一芽二叶期在4月上旬。产量高。含茶多酚18.3%、氨基酸6.7%、咖啡碱4.7%、水浸出物47.8%，酚氨比2.7。生化成分含量普遍较高，尤其氨基酸含量特高。制炒青历史名茶碣滩茶，条索紧细卷曲、翠绿显毫，香气高长，滋味鲜爽隽永。亦可制针形绿茶、红茶和乌龙茶。抗寒性强。

17. 保靖黄金茶1号

由湖南省农业科学院茶叶研究所等从保靖黄金茶群体种中采用单株选育法育成。省审定品种。无性系。灌木型。中叶，叶长椭圆形，叶面隆起。芽叶黄绿色，茸毛较多。特早生，长沙一芽二叶期在3月中旬。产量高。含茶多酚14.6%、氨基酸5.8%、咖啡碱3.7%、水浸出物45.5%，酚氨比2.5。氨基酸含量高。制创制名茶保靖毛峰（烘青），条索弯曲、翠绿显毫，香气高长，滋味鲜醇。亦适制毛峰茶。抗性较强。

18. 宜昌大叶茶

产于湖北省宜昌市太平溪、邓村等地。国家认定品种。有性系。小乔木型。大叶，叶长椭圆形，叶色绿或黄绿。芽叶绿或黄绿色，茸毛多。早生，一芽二叶盛期在4月上旬。产量高。含茶多酚23.0%、氨基酸3.3%、咖啡碱4.5%，酚氨比7。制半烘炒创新名茶峡州碧峰，条索紧秀显毫、色泽绿润，香浓持久，滋味鲜爽回甘。制历史名茶宜红工夫，条索紧细显金毫、色泽乌润，香气甜醇绵长，味浓爽。

19. 鄂茶1号

由湖北省农业科学院果茶研究所以福鼎大白茶为母本，梅占为父本，采用人工杂交法育成。国家审定品种。无性系。灌木型。中叶，叶长椭圆形，叶色深绿。中生，武昌一芽一叶盛期在4月上旬中。芽叶黄绿色，茸毛较多。产量高。含茶多酚29.8%、氨基酸3.0%、咖啡碱3.4%，酚氨比9.9。茶多酚含量高。制半烘炒创制名茶金水翠峰，条索壮实、苍绿隐毫，栗香持久，滋味鲜浓醇爽。亦适制红茶，有花香。抗寒性强。

20. 黔湄809

由贵州省茶叶研究所从福鼎大白茶与黔湄4号自然杂交后代中采用单株育种法育成。国家审定品种。无性系。灌木型。大叶。芽叶淡绿色，茸毛多，持嫩性强。中偏早生，湄潭一芽一叶盛期在3月底4月初。产量高。含茶多酚26.6%、氨基酸3.2%、咖啡碱4.2%、水浸出物48.2%，酚氨比8.3。茶多酚含量高。制半烘炒创制名茶遵义毛峰，条索紧细圆直、翠绿显毫，嫩香高久，味醇厚鲜爽。亦适制"遵义红"。抗寒性较强。

21. 佛香3号

由云南省农业科学院茶叶研究所采用长叶白毫与福鼎大白茶人工杂交育成。省审定品种。无性系。小乔木型。大叶，叶长椭圆形，叶绿色，叶身内折。芽叶绿色，茸毛特多。早生，勐海一芽二叶期在2月下旬至3月上旬。产量高。含茶多酚23.1%、儿茶素总量11.7%、氨基酸4.1%、咖啡碱2.7%、水浸出物50.5%，酚氨比6.6。制半烘炒创制名茶佛香茶，条索紧结弯曲、满披白毫，香气清纯，带栗香，滋味鲜醇甘爽。抗寒性较强。

图3-18 佛香茶

22. 信阳种

信阳产茶历史悠久，据《信阳县志》记："本山产茶甚古，……苏东坡谓淮南茶信阳第一。"信阳毛尖属半烘炒茶，创制于清末，是历史名茶，获1915年巴拿马万国博览会金奖，是1959年"全国十大名茶"之一。

信阳种产于河南省信阳县车云山、集云山、天云山、震雷山、黑龙潭等地，是制信阳毛尖主栽品种。有性系。灌木型，分枝密。中偏小叶，叶长椭圆或椭圆形，叶色绿或深绿，叶身平。芽叶绿或黄绿色，茸毛多。产量高。含茶多酚18.5%、氨基酸3.2%、咖啡碱3.8%，酚氨比5.8。中生。采摘期在4月。特级毛尖采一芽一叶初展，一级毛尖采一芽二叶初展，二三级毛尖采一芽二三叶。手工加工工序为摊放、生锅、熟锅、烘焙等。生锅就是杀青，青叶下锅后用圆帚挑抖茶叶，反复多次，并在锅中拢住茶叶轻揉，直至茶条绵软缩紧。熟锅是将生锅的茶叶，继续用圆帚在锅内轻揉，待茶条不粘手后，用抓条和甩条手法进行理条，理条达七八成干时，出锅稍凉后烘焙。烘焙分初烘和复烘，复烘至含水率达6%以下。特级毛尖外形呈长条形，一级为针形。品质特点是：紧细圆直、显锋苗、色泽翠绿或绿润，香气有嫩香、清香、栗香多种，滋味浓爽。

图 3-19　圆帚炒茶

23. 信阳10号

由河南省信阳茶叶试验站从信阳群体种中采用单株育种法育成。国家审定品种。无性系。灌木型。中叶，叶长椭圆形，叶色绿，叶身平，叶面平。芽叶淡绿色，茸毛中等。中生，一芽二叶期在4月上旬。产量中等。含茶多酚17.9%、氨基酸3.1%、咖啡碱2.6%、水浸出物43.0%，酚氨比5.8。制高档信阳毛尖，翠绿显毫，嫩香高锐，味鲜爽

图 3-20　信阳毛尖

口。抗性强，适合北方茶区栽培。

24. 紫阳种

又名紫阳楮叶种、紫阳大叶泡，是紫阳毛尖的主栽品种，主产于陕西省紫阳县和平、焕古、双桥镇等地。紫阳茶唐以前称巴蜀茶，唐时已是贡茶。据县志载："紫阳茶，每岁充贡，陈者最佳，醒酒消食，清心明目……"唐时茶都是团饼茶，难以干燥，有类似黑茶的闷堆，故"陈者

图 3-21　紫阳毛尖

最佳"。紫阳毛尖为历史名茶，属半烘炒茶。紫阳种是国家认定品种。有性系。灌木型，分枝密。中叶，叶椭圆形，叶色绿。芽叶黄绿色，间杂微紫红色，芽叶茸毛多。产量较高。含茶多酚16.2%、儿茶素总量10.4%、氨基酸4.1%、咖啡碱4.7%。早生。清明前10天左右采摘一芽一叶和一二叶初展。手工工序有杀青、初揉、炒坯、复揉、初烘、理条、复烘、提毫、足干、焙香。品质特点是：条索紧直、色泽绿润，香气清鲜，滋味鲜醇回甘。紫阳毛尖是富硒茶之一。

25. 陕茶1号

由陕西省安康市汉水韵茶业有限公司等从紫阳群体种中采用单株选育法育成。国家登记品种。无性系。灌木型。中叶，叶椭圆形，叶色深绿。早生。芽叶黄绿色，茸毛中等。产量高。含茶多酚19.5%、氨基酸5.2%、咖啡碱3.7%、水浸出物47.6%，酚氨比3.8。氨基酸含量高。制半烘炒创新名茶汉中仙毫，采摘单芽和芽一叶初展，经摊青、杀青、理条、做形、提毫、烘干等工序制作而成。品质特点是：条索微扁挺秀，汤色嫩黄明亮，嫩香高锐持久，滋味鲜爽隽永。亦适制卷曲形和月牙形绿茶。抗旱、抗寒性强。适合北方茶区栽培。

26. 崂茶1号

由山东省青岛万里江茶业有限公司从引种的黄山群体种中采用单株选育法育成。国家登记品种。无性系。灌木型。小叶，叶长椭圆形，叶色绿偏黄，叶尖钝尖。早生，一芽二叶盛期在4月下旬。芽叶黄绿色，茸毛多。产量中等。含茶多酚23.4%、氨基酸4.4%、咖啡碱2.6%、水浸出物 42.3%，酚氨比5.3。适制绿茶、白茶、红茶。所制崂山龙须为创新名茶（半烘炒）。采摘一芽一叶，经摊放、杀青、做形（轻揉后理条）、初烘、摊晾、复烘、回潮、提香等工序制作而成。特点是：

条索稍弯曲、绿润，栗香高长，滋味鲜醇。抗茶炭疽病、茶小绿叶蝉强，抗旱、抗寒性强。适合山东茶区及高寒茶区栽培。

图3-22　崂茶1号和所制崂山龙须（刘彬供）

27. 十里香

品种名与茶名相同。十里香是云南历史名茶，属烘青绿茶。产昆明官渡区十里铺、归化寺一带。有性系。茶树灌木型。中偏小叶，叶椭圆形，叶色绿，叶身稍内折。芽叶绿色、多毛。中偏早生，4月初采摘一芽一叶。产量高。含茶多酚17.7%、氨基酸2.6%、咖啡碱4.1%。手工制作工序有摊放、杀青、揉捻、理条、烘干。品质特点是：条索紧秀绿润，香气清鲜高锐，滋味鲜醇。抗性强。在石林、昆明西山区，宜良等地有较大面积栽培。

第三节　螺形卷曲茶

这类茶除碧螺春外，对原料要求与加工方法同毛峰（尖）茶无大的差别，只是外形更着重于卷曲显毫。比较典型的有无锡毫茶、临海蟠毫、普陀佛茶、松萝茶、高桥银峰、都匀毛尖、贵定雪芽、卷云、龙生翠茗等。适制毛峰（尖）茶品种一般均可制作。以下是主要适制品种。

1. 洞庭种

又名碧螺春种，是制碧螺春的主栽品种。产于江苏省苏州市吴中区洞庭山。洞庭山是太湖中的东西两岛，已有1000多年产茶史。碧螺春创制于明末清初，因香气特高，当初称之为"吓煞人香"。"碧螺春"相传为1734年前康熙命名，为著名历史名茶，是1959年"全国十大名茶"之一。

有性系。灌木型。中叶或小叶，叶椭圆或长椭圆形，叶色绿或淡绿。芽叶较纤细、绿或淡绿色、茸毛多或中等。中生，一芽一叶盛期在4月上旬。产量较高。含茶多酚21.6%、氨基酸4.1%、咖啡碱3.7%，酚氨比5.3。春分至谷雨间采制。采摘1.6～2.0cm长的一芽一叶初展叶，采后进行拣剔，即拣去鱼叶、抢标（顶芽）。制500g碧螺春要6.8万～7.4万个单芽。碧螺春属半烘炒茶，全在专用炒茶锅中手工制作，工序有杀青、揉捻、搓团显毫、烘干等。关键工艺是搓团显毫，即揉中带炒，炒中有揉，连续操作，一气呵成。高档碧螺春，条索纤细、卷曲成螺、银绿隐翠，茸毛披覆呈茸球状，嫩香幽雅，滋味鲜醇绵长，汤色浅绿有毫浑。

图 3-23　碧螺春

2. 福鼎大白茶

产于福建省福鼎市点头镇柏柳村。国家审定品种。无性系。小乔木型。中叶，叶椭圆形。早生，一芽一叶盛期在3月下旬中。芽叶绿色，茸毛特多，持嫩性强。产量高。含茶多酚14.8%、氨基酸4.0%、咖啡碱3.3%，酚氨比3.7。适制多种茶类。制毛峰茶，翠绿披白毫，栗香明显，滋味鲜醇隽永。采摘一芽一叶到一芽二叶初展，制创新名茶临海蟠毫，经摊青、杀青、揉捻、初烘、造形、足干等工序制作而成。品质特点是，外形蟠花重实、隐绿披毫，栗香浓郁，滋味鲜浓甘醇，叶底肥嫩明亮。采摘一芽一叶制恢复名茶开化龙顶（月牙形），经摊青、杀青、轻揉、搓条、初烘、做形、焙干等工序制作而成。外形条索紧结挺直、银绿隐毫，香气鲜嫩清幽，滋味鲜醇甘爽。亦适制坦洋工夫和白毫银针。抗寒性强。适应性广。

图 3-24　福鼎大白茶新梢

图 3-25　临海蟠毫（罗立凡供）

3. 迎　霜

由浙江省杭州市农业科学院茶叶研究所从福鼎大白茶与云南大叶茶自然杂交后代中采用单株育种法育成。国家认定品种。无性系。小乔木型。中叶，叶椭圆形，叶色黄绿。芽叶黄绿色，茸毛中等，持嫩性强。早生，春茶一芽一叶盛期在3月下旬末。产量高。含茶多酚18.1%、氨基酸5.4%、咖啡碱3.4%、水浸出物44.8%。酚氨比3.4。氨基酸含量高。制创新名茶羊岩勾青（烘青），采一芽一叶，经摊青、杀青、揉捻、初烘、造形、复烘等工序制作而成。外形绿润、披毫呈钩状，香气高鲜持久，滋味醇爽。亦适制毛峰茶，宜采摘一芽一叶加工，适当延长摊放时间。制红茶，色泽乌润，滋味浓鲜。抗寒性强，适应性广。

4. 锡茶5号

由江苏省无锡市茶叶品种研究所从宜兴群体种中采用单株选育法育成。国家审定品种。无性系。灌木型。中叶，叶椭圆形，叶身平，叶尖钝尖。芽叶绿色，茸毛较多。早生，一芽二叶期在4月上旬。产量中等。含茶多酚16.4%、氨基酸4.8%、咖啡碱2.6%、水浸出物49.4%，酚氨比3.4。采摘一芽一叶制半烘炒创新名茶无锡毫茶，条索卷曲绿翠、茸毛披覆，嫩香持久，滋味鲜醇。亦适制毛尖茶。抗寒性强，适合北部茶区栽培。

5. 槎湾3号

由江苏省苏州市吴中区东山多种经营服务公司等从洞庭群体种中采用单株选育法育成。省审定品种。无性系。灌木型。小叶，叶长椭圆形，叶色绿，叶面隆起，叶尖钝尖。芽叶黄绿色，茸毛较多。早生，一芽三叶期在4月上中旬。产量高。含茶多酚18.6%、氨基酸为6.2%、咖啡碱3.1%、水浸出物46.0%，酚氨比3。氨基酸含量特高。制碧螺春，条索卷曲、茸毫密披，显毫香，滋味清爽。亦适制月牙形和针形绿茶。抗小绿叶蝉弱。

6. 名山白毫131

四川是茶利用的发祥地，史记"自秦人取蜀而后，始有茗饮之事"。雅安市名山区海拔800～1300m的蒙山所产的蒙顶茶在唐时已享盛名，唐·白居易诗赞："琴里知闻是渌水（渌水，为古曲牌名），茶中故旧是蒙山。"明·陈绛《辨物小志》载有脍炙人口的咏茶诗："扬子江中水，蒙山顶上茶。"蒙顶茶包括蒙顶甘露、蒙顶石花、蒙顶黄芽等，均为历史名茶。

名山白毫131是由四川省原名山县茶业局从当地群体种中采用单株选育法育成的国家鉴定品种。无性系。灌木型。中叶，叶椭圆形，叶面平，叶尖钝尖。芽叶黄绿色，茸毛特多。早生，一芽二叶初展在3月上旬，持嫩性强。产量高。含茶多酚15.1%、氨基酸3.2%、咖啡碱3.3%、水浸出物34.6%，酚氨比4.7。制蒙顶甘露（半烘炒），以采摘单芽为主，手工工序有摊放、杀青、头揉、炒二青、二揉、炒三青、三揉、整形、初烘、复烘等。其中，整形是关键工艺，采用抓、团、揉、搓、撒等手法。品质特点是：外形紧秀匀卷、绿润显毫，嫩香高爽持久，滋味鲜嫩爽口。亦适制毛峰茶。抗性强。

图3-26 蒙顶甘露（陈书谦 供图）

7. 大面白

产于江西省上饶市上泸乡。国家认定品种。无性系。灌木型。大叶，叶长椭圆形，叶色绿。芽叶肥壮，黄绿色，茸毛特多，持嫩性强。早生，一芽一叶盛期在4月初。产量高。含茶多酚21.1%、氨基酸3.1%，酚氨比6.9。制月牙形创新名茶上饶白眉（烘青），条索壮实，隐绿显毫，香气清高，间或带栗香，滋味鲜醇。亦适制乌龙茶和红茶。抗寒性强。

8. 舒茶早

由安徽省舒城县农业技术推广中心与舒茶九一六茶场从舒城群体种中采用单株选育法育成。国家审定品种。无性系。灌木型。中叶，叶长椭圆形，叶色深绿，叶身稍背卷。芽叶淡绿色，茸毛中等。早生，一芽一叶盛期在4月上旬初。产量高。含茶多酚14.3%、氨基酸3.7%、咖啡碱3.1%、水浸出物49.1%，酚氨比3.9。制舒城兰花，谷雨前后采摘一芽二叶，机制工序为：杀青用直径500mm的滚筒杀青机；揉捻用55型揉捻机，不加压，揉5分钟；烘干用自动烘干机，初烘温度110～120℃，烘至八成干，再用80～90℃烘至足干。舒城兰花是历史名茶，属烘青茶，特点是芽叶相连似兰草、色泽翠绿、润匀显毫，兰香清鲜，滋味甘醇，叶底嫩匀成朵。此外，亦适制针形绿茶。抗寒性和适应性均强，是北部茶区抗寒性较强的早生无性系品种之一。早春需防止倒春寒危害。

9. 鸟望种

又名仰望种，是制半烘炒历史名茶都匀毛尖的当家品种，产贵州省都匀市及贵定、惠水等地。据《都匀府志》载，都匀产茶已有500多年历史，明代称鱼钩茶、雀舌茶，并已列为贡茶。有性系。灌木型。中叶，叶椭圆或长椭圆形，叶色绿或深绿。芽叶绿色，茸毛多。中偏早生。产量高。含茶多酚15.2%、儿茶素总量11.5%、氨基酸2.7%、咖啡碱3.2%，酚氨比5.6。4月初开采，极品都匀毛尖采

图3-27　都匀毛尖

摘单芽，一级茶采一芽一叶初展，二级茶采一芽一叶展。全程均手工在炒茶锅中炒制，工序有杀青、揉捻、整形、提毫、烘干等。其中，提毫是双手轻握茶叶揉团，边揉边在锅中干燥。品质特点是：外形紧细卷曲、色泽绿润、白毫披露，香气清鲜，滋味鲜浓回甘。制都匀毛尖除鸟望种外，亦有福鼎大白茶等无性系品种。

10. 独山大瓜子种

又称独山双峰中叶群体种，为历史名茶六安瓜片当家品种。六安瓜片创制于1905年前后。《六安县志》载："在齐云山……产仙茶数株，香味异常，今称齐云

山茶，品味最美。"六安瓜片属半烘炒茶，是1959年"全国十大名茶"之一。

独山大瓜子种产于安徽省金寨县齐云山和六安市独山镇等地。有性系。灌木型。中偏小叶，叶长椭圆形，叶色黄绿，叶身内折。芽叶黄绿色，茸毛中等。中生。含茶多酚19.3%、儿茶素总量10.7%、氨基酸4.3%、咖啡碱3.6%。六安瓜片采制方式不同于其他茶，一是在谷雨前后至小满前采摘一芽二三叶。采后进行"扳片"，即去除芽头、茎干，掰下的嫩片（小片）、老片（大片）、茶梗（针把子），分别进行炒制。加工工序有炒生锅、炒熟锅、拉毛火、拉老火等。生锅，即是杀青。熟锅是用高粱穗或竹枝制的炒把将杀青叶在锅中翻炒，炒至叶片散开，叶片发硬，然后用烘笼烘焙。毛火后隔一二天烘小火，小火后隔二三天后再烘老火，烘至叶面起霜，手捏成末为止。六安瓜片不带芽和梗，外形宝绿色、起霜，香气持久，滋味浓醇回甘，叶底柔嫩绿亮。

图3-28　六安瓜片（杨文国　供图）

11. 鲁茶1号

由山东省日照市茶叶科学研究所从引种的黄山群体种中采用单株选育法育成。省审定品种。无性系。灌木型，叶片上斜状着生。中叶，叶椭圆形，叶色深绿，叶面隆起，叶尖钝尖。芽叶绿色，茸毛中等，持嫩性强。中生，一芽一叶初展在4月下旬。产量较高。含茶多酚16.6%、氨基酸6.0%、咖啡碱2.5%、水浸出物47.1%。酚氨比2.8。氨基酸含量特高。采摘一芽一叶和一芽二叶初展，芽长1.6～2.5cm，手工制作创新名茶雪青（半烘炒），

图3-29　雪青

工序为摊放、杀青、做形、干燥。其中，热揉成形和搓团显毫是关键工艺：锅温在80℃左右，用双手拢住茶叶，贴锅壁旋滚揉搓3～4个轮回，茶叶初步成条后，锅温降至70℃，再用同样手法揉搓2～3次，待失水率在30%左右，锅温降至50℃，用双手握住茶叶，在手掌上做单向揉搓，使茸毫显露，搓成的团块放在锅内干燥，然后再旋搓第二个、第三个，……此时要边旋转搓揉，边薄摊于锅底烘干，每隔2～3分钟轻翻、解块一次，直至完全干燥。品质特点是：条索细嫩卷曲、绿润显毫，清香（栗香）高锐，滋味醇厚。抗寒性强。

第四节　针形月牙形茶

这类茶注重外形纤长秀丽，色泽鲜绿，不求多毫。品类主要有雪水云绿、雨花茶、安化松针、墨江云针等。

1. 中茶302

由中国农业科学院茶叶研究所从引进的格鲁吉亚6号与福鼎大白茶进行人工杂交后代中选育而成。国家鉴定品种。无性系。灌木型。中叶，叶椭圆形，叶色黄绿，叶尖钝尖。早生，杭州春茶一芽二叶期在4月上旬末。芽叶黄绿色，茸毛中等。产量高。含茶多酚13.2%、氨基酸4.8%、咖啡碱3.1%、水浸出物50.6%，酚氨比2.8。氨基酸含量高，茶多酚含量偏低。用单芽或一芽一叶初展制创新名茶雪水云绿（烘青），外形紧秀略扁、色泽嫩绿，香气高锐，滋味鲜爽，叶底嫩绿明亮。此外，亦适制毛峰形绿茶。宜采摘一芽一叶制作。抗寒性较强。

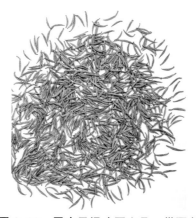

图3-30　雪水云绿（罗立凡　供图）

2. 茂 绿

由浙江省杭州市农业科学院茶叶研究所育成。国家鉴定品种。无性系。灌木型。中叶，叶长椭圆形。芽叶深绿色，茸毛多。早生，一芽二叶期在4月上旬。含茶多酚18.4%、氨基酸5.6%、咖啡碱3.4%、水浸出物45.2%，酚氨比3.3。氨基酸含量高。制针形茶，绿润披毫，香气高爽，滋味浓鲜。利用芽叶深绿色和高氨基酸含量，可制棍棒形（类似猴魁）绿茶，亦适制毛峰茶。抗寒性强，适合北方茶区栽培。

3. 春雨2号

由浙江省武义县农业农村局从福鼎大白茶有性后代中采用单株选育法育成。国家鉴定品种。无性系。灌木型。中叶，叶长椭圆形、绿色，叶身平，叶面平。芽叶绿色，茸毛中等，持嫩性强。中生，一芽二叶期在4月上旬。产量较高。含茶多酚23.1%、儿茶素总量15.0%、氨基酸3.7%、咖啡碱2.6%、水浸出物49.0%，酚氨比6.2。制创新名茶武阳春雨（烘青），条索挺直秀丽，花香高久，滋味醇爽，有花香味。亦适制红茶，显花香，味甜醇。抗寒和抗高温性均强。

图 3-31 武阳春雨（徐文武 供图）

4. 苏茶120

由江苏省无锡市茶叶品种研究所从福鼎大白茶实生后代中采用单株育种法育成。国家鉴定品种。无性系。小乔木型，叶片水平状着生。中叶，叶椭圆形，叶色深绿，叶面隆起，叶尖钝尖。芽叶绿色，茸毛多。早生，一芽二叶期在4上旬。产量高。含茶多酚15.0%、氨基酸5.8%、咖啡碱2.7%、

图 3-32 雨花茶

水浸出物48.0%。酚氨比2.6。氨基酸含量高。采摘一芽一叶手工制创新名茶雨花茶，经摊青、杀青、揉捻、搓条拉条，将茶叶在锅中初步理直，再用双手拢住茶叶，轻轻滚搓，待茶叶不黏手时，用手掌顺向用力滚搓，待六七成干时，沿锅壁来回拉炒至九成干，最后用50℃文火烘至足干。雨花茶属炒青茶，品质特点是，条索细紧浑圆、芽锋挺秀、色泽翠绿，清香高雅，滋味鲜醇。亦适制红茶。抗寒性和抗病性强。

5. 早白尖5号

由重庆市农业科学院茶叶研究所从早白尖群体种中采用单株选育法育成。国家审定品种。无性系。灌木型。中叶，叶椭圆形，叶色深绿，叶身平，叶面隆起。芽叶绿色，茸毛多。早生，永川一芽二叶期在3月中旬，持嫩性强。产量高。含茶多酚16.4%、氨基酸3.6%、咖啡碱3.9%、水浸出物47.1%，酚氨比4.6。制创新名茶叙府龙牙（半烘炒），条索细直略扁、翠绿，香气高长，滋味鲜醇。制红茶，香味浓醇。抗寒性强。

6. 川茶2号

由四川农业大学等从川茶群体种中采用单株选育法育成。国家登记品种。无性系。灌木型。中叶，叶椭圆形，叶尖钝尖。芽叶绿色，茸毛少。早生。产量高。含茶多酚17.0%、氨基酸5.1%、咖啡碱3.6%、水浸出物57.9%，酚氨比3.3。氨基酸含量高。用单芽和一芽一叶初展制创新名茶峨眉竹叶青（炒青），经摊青、杀青、理条、滚压、辉锅等工序制作而成。品质特点是：平直秀丽、翠绿光润，嫩香高久，滋味鲜嫩。亦适制扁形茶。对小绿叶蝉、茶炭疽病抗性中等。

图 3-33　峨眉竹叶青

7. 名山特早213

由四川省原名山县农业局茶技站与四川省农业科学院茶叶研究所从当地群体种中采用单株选育法育成。国家鉴定品种。无性系。灌木型。中叶，叶长椭圆形，叶色绿，叶身平，叶尖钝尖。芽叶黄绿色，茸毛中等。产量较高。特早生，一芽二叶期在2月底，持嫩性强。含茶多酚16.0%、氨基酸2.7%、咖啡碱4.1%、水浸出物39.8%。酚氨比5.9。采摘单芽手工制蒙顶石花，工序有摊青、杀青、炒二青、炒三青（抖炒结合抓、压，使茶叶初成扁形）、做形提毫（用压、拉、带、撒手法进一步固定形状，白毫显露），最后烘干至含水量5%。蒙顶石花属炒青，品质特点是：锋苗扁直挺锐，毫香清鲜，味醇鲜爽。亦可采摘一芽一叶制竹叶青、毛尖茶等。抗寒性强。

图 3-34 蒙顶石花（陈书谦 供图）

8. 蒙山5号

由四川省名山茶树良种繁育场等从川茶群体种中采用单株选育法育成。国家登记品种。无性系。灌木型。中叶，叶椭圆形。芽叶黄绿色，茸毛多，持嫩性强。特早生，雅安一芽一叶期在2月下旬。产量高。含茶多酚19.9%、儿茶素17.2%、氨基酸4.6%、咖啡碱3.5%、水浸出物50.5%，酚氨比4.3。用单芽或一芽一叶初展制创新名茶文君毛峰（半烘炒），条索细紧圆直、披毫、翠绿油润，香气嫩鲜，滋味鲜醇回甘。亦适制卷曲形绿茶。易感茶小绿叶蝉和茶炭疽病。

9. 渝茶4号

由重庆市农业科学院茶叶研究所从福鼎大白茶有性系后代中采用单株选育法育成。国家登记品种。无性系。灌木型。小叶，叶长椭圆形，叶色绿，叶身内折。芽叶黄绿色，茸毛少。早生，永川一芽一叶期在2月中旬。产量高。含茶多酚24.4%、氨基酸3.9%、咖啡碱3.3%、水浸出物39.2%，酚氨比6.3。用一芽一叶初展制创新名茶滴翠剑茗，挺秀绿翠，香气清鲜，显花香，滋味清爽，叶底嫩黄明亮。亦适制红茶。抗性强。

10. 巴渝特早

由重庆市经济作物技术推广站育成。省审定品种。无性系。小乔木型。中叶，叶色深绿。芽叶绿色，茸毛较多。特早生，一芽一叶盛期在2月上旬。产量高。含茶多酚23.0%、氨基酸3.2%、咖啡碱2.8%，酚氨比7.2。制创新名茶巴南银针（半烘炒），外形挺秀紧直、绿润披毫，嫩香，滋味鲜醇。制毛峰茶，墨绿显毫，花香高锐，滋味鲜爽浓醇。抗寒性强。

11. 黔湄601

由贵州省茶叶研究所以镇宁团叶茶为母本，凤庆大叶茶为父本，采用人工杂交法育成。国家审定品种。无性系。小乔木型。大叶，叶椭圆形，叶绿色。芽叶深绿色，茸毛特多。中生，湄潭一芽一叶盛期在4月上旬。产量高。含茶多酚21.0%、氨基酸3.3%、咖啡碱3.5%、水浸出物43.6%，酚氨比6.4。制创新名茶贵州银芽（半烘炒），外形扁削挺直、黄绿显毫，花香清鲜，滋味醇厚回甘。亦适制毛峰茶和红茶。抗寒性较弱。冬季注意防冻。

12. 桂香18号

由广西桂林茶叶研究所从凌云白毛茶群体种中采用单株选育法育成。国家鉴定品种。无性系。灌木型，叶片呈上斜状着生。中偏大叶，叶椭圆形，叶色绿，叶面平。芽叶浅绿色，茸毛中等，持嫩性强。偏早生，一芽三叶期在3月中下旬。产量高。含茶多酚24.9%、氨基酸4.6%、咖啡碱3.9%、水浸出物48.2%，酚氨比5.4。茶多酚和氨基酸含量较高。适制多种茶类。用一芽一叶初展制创新名茶漓江银针（烘青），条索紧细如针、色泽绿翠，香气清高持久，滋味鲜醇。用一芽二叶制红茶，显甜香，滋味鲜醇。制乌龙茶，花香持久，滋味浓醇顺滑。抗性强。

13. 恩施大叶茶

是加工恩施玉露的主栽品种，产于湖北省恩施市草子坝、石门、安乐屯等乡（镇）以及宣恩县等。恩施是富硒茶产地之一。恩施玉露是蒸青绿茶，创制于1680年前后，为历史名茶。恩施大叶茶，有性系。灌木型。大叶，叶椭圆形，叶色绿，叶尖钝尖。芽叶黄绿或绿色，茸毛多。产量高。含茶多酚19.9%、儿茶素总量9.5%、氨基酸3.4%、咖啡碱4.5%、茶氨酸1.59%，酚氨比5.9。早生。在谷雨间采摘芽叶深绿的一芽一叶或一芽二叶初展。工序为蒸青、扇水分、铲头毛火、揉捻、铲二毛火、整形上光、拣选等。关键工艺是蒸青和整形上光。蒸青是在特制蒸青灶上蒸40~50秒。铲头毛火是将蒸青叶放在140℃左右的焙炉上，双手将茶叶高抛抖散。铲二毛火是在焙炉上将揉捻叶继续左右来回揉搓。最后，整形上光，俗称搓条，即两手心相对，顺同一方向揉搓茶叶，待茶条成细长圆形约八成干时，再用力揉搓，直至九成干时适当轻搓焙干。品质特点是，条索圆紧挺直如针、色泽苍翠绿润，香气清高，滋味纯正回甘。

图3-35　恩施玉露

由湖北省宣恩县特产技术推广服务中心采用单株育种法从恩施大叶种中选育出适制绿茶的省审定品种鄂茶10号。

14. 普茶1号

又名雪芽100号。由云南省普洱茶树良种场从当地群体种中采用单株育种法育成。省级品种。无性系。乔木型，树姿直立，叶片稍上斜或水平状着生，节间长。大叶，叶长椭圆形，叶色深绿，叶身平，叶面隆起，叶质薄软。芽叶硕长，茸毛特多。早生，一芽二叶期在3月上旬。产量高。含茶多酚26.4%、氨基酸1.8%、咖啡碱3.4%、水浸出物49.5%，酚氨比14.7。适制多种茶类。制创新名茶墨江云针，采摘一芽一叶和一芽二叶，工艺有杀青、初揉、做形（理条搓揉、碾揉、滚揉）、晾干、筛剔、补火等。品质特点是，条索紧直如针、墨绿显毫，清香浓郁，滋味鲜醇有甘。用单芽制白茶，锋苗如针、色白如银，汤色杏黄，嫩香清幽，滋味甘醇。亦适制红茶。抗寒性弱，抗旱性较强。制墨江云针的传统品种是墨江大叶茶群体种。

第五节　白化茶

凡是由于叶绿体膜结构发生障碍，叶绿体退化解体，叶绿素合成受阻所造成的白叶和黄叶茶统称白化茶，一般均是自然变异株，通过系统选育成为白化品种。已有的白叶品种有白叶1号（安吉白茶）、白叶2号（建德白茶）、白叶3号（景宁白茶）、中白1号（新安1号）、云峰15号（磐安白茶）、千年雪（余姚白茶）等。黄叶品种有中黄1号（天台黄茶）、中黄2号（缙云黄茶）、中黄3号（龙游黄茶）、黄金芽（余姚黄茶）等。白化品种的共同特点是，发芽中或偏晚，芽叶纤细，茸毛少或中等，氨基酸含量特高或高，适宜制作特色名优茶，产量中等。现择已有规模栽培品种介绍于下。

1. 白叶1号

产浙江省安吉县天荒坪镇大溪村。省审定品种。无性系。灌木型。中叶，叶色偏黄绿，叶长椭圆形。中生，一芽一叶盛期在4月上旬。春季芽叶呈玉白色，叶脉淡绿色，随着气温升高至平均温度23℃，叶片成熟而渐变为绿色，故夏秋茶芽叶均为绿色。芽叶较纤细，茸毛中等。产量中等。含茶多酚13.7%、氨基酸6.3%、咖啡碱2.3%、水浸出物49.8%，酚氨比1.7。氨基酸含量特高。制凤尾形安吉白茶（烘青），采用摊放、杀青、理条、搓条、初烘、摊凉、焙干等工序。品质特点是：外形纤秀、翠绿光润，香气鲜嫩馥郁，滋味鲜爽隽永，汤色鹅黄清澈，叶底莹薄透明。此外，亦适制扁形茶，工序仿西湖龙井。品质是：浅绿光润，汤色鹅黄，花香高久，滋味嫩鲜。抗性较弱，需防高温灼伤和小绿叶蝉危害。不论制凤尾形或扁形茶，宜采摘一芽一二叶，摊青时间比非白化品种少3～4小时，搓条或青锅时适当加大压力。

图3-36　白叶1号茶园　　　图3-37　白叶1号凤尾形茶

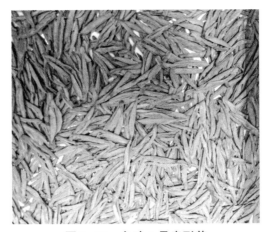

图 3-38　白叶 1 号扁形茶

2. 中白1号

由中国农业科学院茶叶研究所等从建德群体种变异株中选育而成。国家登记品种。无性系。灌木型，树姿直立。中叶，叶长椭圆形，叶色绿，叶面平，叶身内折。芽叶全呈玉白色，茸毛中等。中偏晚生，杭州一芽二叶期在4月中下旬。产量中等。含茶多酚17.5%、氨基酸7.4%、咖啡碱3.6%、水浸出物48.2%，酚氨比2.4。氨基酸含量特高。制毛峰茶，条索嫩黄鲜润，香气清鲜，滋味鲜醇甘爽，叶底嫩匀白亮。该品种芽叶鲜白，适宜制作多种特色名优绿茶。抗寒性、抗旱性强。注意防治黑刺粉虱。

图 3-39　中白 1 号芽叶

3. 中黄1号

浙江省天台县街头镇石柱村茶农发现的自然变异株，经中国农业科学院茶叶研究所、天台县农业农村局共同育成。国家登记品种。无性系。灌木型，树姿直立。中叶，叶椭圆形，叶偏黄绿色，叶身稍内折，叶尖钝尖。春夏秋季芽叶和嫩叶均为淡黄色。嫩梢第三、四叶嫩黄色，主脉及叶片下部稍偏绿，成熟叶及树冠下部叶片均为绿色。芽叶较细小，茸毛少。中生，一芽一叶盛期在4月上旬中。产量中等。含茶多酚15.8%、儿茶素总量9.7%（其中EGCG4.55%）、氨基酸8.4%、咖啡碱3.1%、茶氨酸4.903%、水浸出物46.6%，酚氨比1.9。氨基酸含量特高。用一芽二叶制天台云雾茶，外形细嫩，绿润透金黄，汤色嫩黄清澈，香气嫩香，滋味鲜醇，叶底嫩黄亮。用一芽一叶制寒山黄龙井茶，外形光扁、绿润细嫩，汤色浅黄亮澈，香气嫩香，滋味嫩鲜，叶底黄亮成朵。宜制特色名茶。制毛峰茶宜采摘一芽二叶，制扁形茶宜采用手工结合机制加工。夏秋茶采摘一芽二叶制红茶，呈玫瑰红色，有花香，味甘醇。耐寒性及耐旱性均强。适应性广。

图 3-40　中黄 1 号新梢

图 3-41　中黄 1 号毛峰茶

4. 中黄2号

浙江省缙云县五云镇上湖村茶农发现的自然变异株，经中国农业科学院茶叶研究所、缙云县农业农村局共同育成。国家登记品种。无性系。灌木型，树姿直立。嫩枝上部呈黄色，中下部呈红棕色。春茶一芽一叶和一芽二叶均为韭芽黄色，芽叶茸毛少。夏秋茶不论芽叶和成熟叶，均为绿色，树冠下部和内部叶片亦为绿色。中叶，叶椭圆形，叶身平或背卷，叶面隆起，叶尖钝尖。中生，一芽一叶期在3月底。

产量中等。含茶多酚20.0%、儿茶素总量14.9%（其中EGCG7.71%）、氨基酸6.8%、咖啡碱3.4%、茶氨酸4.125%、水浸出物46.2%，酚氨比2.9。氨基酸含量特高。制扁形茶，外形扁平光滑，泛金黄色，如瓜子仁，汤色浅黄，显花香，滋味清爽鲜浓，叶底嫩黄鲜亮。制毛峰茶，条索细紧弯曲、色绿透金黄，汤色嫩黄明亮，清香高锐，滋味清鲜或嫩鲜，叶底嫩黄，鲜活显芽，别具特色。夏秋茶制红茶，外形红润，汤色红亮，略有花香，味醇。宜制特色名茶。为兼顾产量和品质，宜采摘一芽二叶。制扁形茶宜手工结合机制加工。抗寒性强，抗旱力差，需预防夏季日灼伤。适应性广。

图3-42 中黄2号新梢

图3-43 中黄2号扁形茶

5. 中黄3号

由中国农业科学院茶叶研究所和浙江省龙游县圣堂茶业专业合作社从当地群体种中采用单株选育方育成。国家登记品种。无性系。灌木型。小叶，叶椭圆形，叶色绿。芽叶黄绿色，少毛。中偏晚生，杭州一芽一叶始期在4月上中旬。产量中等。含茶多酚15.9%、氨基酸5.7%、咖啡碱3.7%、水浸出物48.4%，酚氨比为2.8。氨基酸含量高。制烘青绿茶，色泽嫩绿间嫩黄鲜活，香气清高有花香，滋味甘醇鲜爽，叶底玉白隐绿。

6. 黄金芽

由浙江省余姚市德氏家茶场等育成。省认定品种。无性系。灌木型，中叶。叶长椭圆形，叶色黄绿或浅绿。芽叶细长，茸毛少，鹅黄色。中生，一芽二叶初展在3月底4月初。产量中等。含茶多酚23.4%、氨基酸4.0%、咖啡碱2.6%、水浸出物48.4%，酚氨比5.9。用春茶一芽一叶制凤形茶，色泽嫩黄透绿，汤色浅黄清澈，香气清香高锐，滋味鲜爽，叶底鲜黄。也适制针形绿茶。抗寒和抗日灼伤均较差。利用芽黄、叶黄特色，可创制特色茶。

图 3-44　黄金芽新梢

第四章

Chapter 4　　　　**红茶品种**

名优茶与茶树品种
Famous tea and
tea variety

著名红茶有祁门工夫、政和工夫、白琳工夫、滇红、宁红、宜红、川红、英红等。除英德红茶外，都是历史较久的红茶，多用当地品种采制。此外，乌龙茶品种一般都适制花香型红茶。

第一节　中小叶种红茶

1. 祁门种

祁门产茶唐代已负盛名，不过，清光绪以前均产绿茶，直至1875年才创制了祁门红茶，简称"祁红"。"祁红"为历史名茶，获1915年巴拿马万国博览会金奖，是1959年"全国十大名茶"之一，是与斯里兰卡锡兰红茶、印度大吉岭红茶齐名的"世界三大高香红茶"之一。

祁门种又名祁门槠叶种，产于安徽省祁门县历口等地，国家认定品种，是制"祁红"的当家品种。有性系。灌木型。中叶，叶椭圆或长椭圆形，绿色，叶身平或稍内折。芽叶黄绿色，茸毛中等。中生，一芽二叶盛期在4月中旬。产量高。含茶多酚20.7%，氨基酸3.5%，咖啡碱4.0%。酚氨比5.9。高档"祁红"采摘一芽一二叶。机制工序，一是萎凋；二是揉捻，分3次，共90分钟，其中间一次加压揉；三是发酵，在温度25～28℃，相对湿度98%以上的发酵室发酵3～5小时；四是烘干，初烘温度100～120℃，烘15分钟左右，复烘温度80～90℃，烘15～20分钟，烘至含水率6%。品质特点是：条索紧细苗秀、色泽乌润，滋味醇和甜润，突显"祁门香"，即是以香叶醇、苯乙醇所呈现的果糖香或玫瑰香，俗称"祁门香"。采一芽一叶制毛峰和月牙形绿茶，色泽绿润，香气高爽，味浓鲜醇。

图 4-1　祁门红茶

2. 菜　茶

产于福建省武夷山桐木关一带的菜茶群体种，又名武夷菜茶，是制历史名茶正山小种（小种红茶）的主要品种。有性系。灌木型。中偏小叶，叶椭圆或长椭圆形，叶色绿或深绿。芽叶淡绿或稍紫绿色，茸毛较少。中生，一芽三叶盛期在4月中下旬。产量较高。在立夏前后采摘一芽二三叶制正山小种，工序有萎凋、揉捻、发酵、过红锅（锅炒，用以钝化酶的活性，进一步散发青气，是正山小种特殊工艺）、复揉、熏焙等。由于采用松柴明火加温萎凋和干燥，成品茶带有馥醇的松烟香和桂圆汤

图 4-2　金骏眉（赵芸供）

蜜枣味，条索紧结乌润，汤色金黄似琥珀色，叶底厚实呈古铜色。

在小种红茶工艺基础上，采摘菜茶的单芽或一芽一叶，烘干过程中取消松枝熏

焙，没有烟味，制成的细嫩高档创新红茶称之为金骏眉。与"祁红"一样，金骏眉亦是以香叶醇、苯乙醇所呈现的玫瑰香味。

3. 鄂茶4号

又名宜红早。由湖北省宜昌市太平溪茶树良种站从宜昌大叶茶群体种中采用单株育种法育成。国家审定品种。无性系。小乔木型。中叶，叶长椭圆形，叶色黄绿，叶质厚软。芽叶黄绿色，多毛。特早生，武汉一芽二叶期在3月中下旬。产量中等。含茶多酚22.3%、氨基酸2.8%、咖啡碱3.2%、水浸出物55.8%，酚氨比8。采摘一芽一二叶制历史名茶宜红工夫，条索乌润、显橙毫，汤色红亮，偶有"冷后浑"现象，略有花香，滋味甜醇。亦适制绿茶，制峡州碧峰，条索翠绿油润、紧秀显毫，香气高久，滋味鲜爽回甘。

4. 湘红茶2号

由湖南省农业科学院茶叶研究所用福建水仙与优混人工杂交而成。省鉴定品种。无性系。灌木型。中叶，叶椭圆形，叶色绿或黄绿，叶身稍内折。芽叶较细小，黄绿稍微紫色，茸毛中等。中生，长沙一芽二叶期在4月上旬。产量高。含茶多酚21.6%、氨基酸4.0%、咖啡碱4.1%、水浸出物45.8%，酚氨比5.4。用一芽一叶制红茶，条索紧结棕润，滋味浓厚，有花香。亦适制乌龙茶，滋味醇爽有花香，似水仙风味。抗性强。

5. 宁州2号

由江西省九江市茶叶科学研究所从宁州群体种中采用单株育种法育成。国家认定品种。无性系。灌木型。中叶，叶椭圆形，叶色绿，叶尖钝尖。芽叶较肥壮，黄绿色，茸毛中等。中生，一芽二叶盛期在4月中旬。产量高。用一芽一叶制历史名茶宁红工夫，条索紧结圆直、锋苗挺拔、色泽红润，有"祁门香"，滋味醇厚略甜。亦适制针形绿茶。抗寒性强。

6. 早白尖

产于四川省宜宾市的筠连、宜宾、高县和珙县等地，国家认定品种。有性系。灌木型。中叶，叶长椭圆形，叶色绿。芽叶淡绿色，多毛。早生，筠连一芽二三叶期在3月下旬。产量高。含茶多酚20.5%、儿茶素总量17.3%、氨基酸2.7%、咖啡碱4.5%，酚氨比7.8。采摘一芽二三叶制川红工夫，条索圆紧乌润、显金毫，汤色红亮，香气甜醇，滋味醇厚鲜爽。川红工夫是20世纪50年代创制的名茶。"早白尖珍品红茶"1985年获"世界食品金质奖"。

第二节　大叶种红茶

1. 勐库大叶茶

产于云南省双江拉祜族佤族布朗族傣族自治县勐库镇。国家认定品种。有性系。乔木型，植株高大，分枝较稀。大叶或特大叶，叶椭圆或长椭圆形，叶色绿或深绿，叶身平或稍内折，少数背卷，叶面强隆起，亦有稍隆起，叶质厚软。芽叶肥壮，黄绿色，茸毛特多。早生，一芽二叶盛期在3月上旬。产量高。含茶多酚33.8%、氨基酸1.7%、咖啡碱4.1%，酚氨比19.9。茶多酚含量特高。适制20世纪30年代创制的滇红工夫。采摘一芽二叶加工。品质特点是：条索乌润、披金毫，汤色红艳明亮、有"金圈"，易现"冷后浑"，香气主要是以芳樟醇为主所呈现的花果香，滋味浓强鲜爽，有收敛性。亦适制滇绿（毛峰茶）、滇青（晒青）。

图4-3　勐库大叶茶芽叶　　图4-4　勐库大叶茶制的滇红

2. 勐海大叶茶

产于云南省勐海县南糯山和布朗山。国家认定品种。有性系。乔木型，植株高大，分枝较稀。大叶或特大叶，叶长椭圆或椭圆形，叶绿色，叶身平或稍背卷，叶面强隆起间或微隆起。芽叶肥壮，绿或黄绿色，茸毛多或特多，持嫩性强。早生，一芽二叶盛期约在3月上旬。产量高。含茶多酚32.8%、氨基酸2.3%、咖啡碱4.1%，酚氨比14.3。茶多酚含量特高。制"滇红"，金毫满披，汤色红浓，易现"冷后浑"，滋味浓酽，刺激性和收敛性强。亦适制滇绿、滇青。

3. 凤庆大叶茶

产于云南省凤庆县凤山、大寺等乡镇。国家认定品种。有性系。乔木型，植株高大，分枝较稀。大叶，叶长椭圆、椭圆或披针形，叶色绿，叶身平或稍内折，叶面平或隆起。芽叶较肥壮，绿色，茸毛多或特多，持嫩性强。早生，一芽二叶盛期在3月中下旬。产量高。含茶多酚30.2%、氨基酸2.9%、咖啡碱3.2%，酚氨比10.4。茶多酚含量特高。制"滇红"，条索乌润披毫，汤色红亮有"金圈"，易现"冷后浑"，香气高浓持久，滋味浓强鲜醇。制滇红金针，条索尖削、金毫满披，香味甜润爽口。亦适制滇绿、滇青。

图4-5　滇红金针

4. 云抗10号

由云南省农业科学院茶叶研究所从勐海南糯山群体种中采用单株育种法育成。国家认定品种。无性系。乔木型，植株高大，分枝较密。大叶，长椭圆形，叶色黄绿，叶身稍内折。芽叶黄绿色，茸毛特多。早生，勐海春茶一芽二叶盛期在3月上旬。产量高。含茶多酚35.0%、氨基酸3.2%、咖啡碱4.5%，酚氨比10.9。茶多酚含量特高。制红茶，香高持久，滋味浓醇。亦适制滇绿、滇青。抗寒性较弱。

5. 云抗14号

由云南省农业科学院茶叶研究所从勐海南糯山群体种中采用单株育种法育成。国家认定品种。无性系。乔木型，植株高大，树姿特开张，分枝较密。大叶，叶长椭圆形，叶色深绿，叶身稍弯。芽叶肥壮，黄绿色，茸毛特多。中生，勐海春茶一芽二叶盛期约在3月下旬。产量高。含茶多酚36.1%、氨基酸4.1%、咖啡碱4.5%，酚氨比8.8。茶多酚含量特高。制滇红茶（红碎茶），条索（颗粒）满披橙毫，花香高久，滋味浓强鲜爽。亦适制滇绿、滇青。抗寒性较弱。

6. 云茶1号

由云南省农业科学院茶叶研究所从元江糯茶群体种中采用单株选育法育成。国家林业和草原局授予植物新品种权品种。无性系。小乔木型，树姿半开张，分枝密，叶片上斜状着生。大叶，叶椭圆形，叶色深绿，有光泽，叶身稍内折，叶面隆起，叶质厚脆。芽叶肥壮，黄绿色，茸毛特多。特早生，春茶一芽二叶盛期在2月中旬。产量较高。含茶多酚23.5%、儿茶素总量15.9%、氨基酸3.4%、咖啡碱4.3%，酚氨比6.9。制红茶，色泽棕红，甜香高久，滋味浓厚鲜爽。亦适制滇绿、滇青。抗寒性较强。

7. 普茶2号

又名短节白毫。由云南省普洱茶树良种场从当地群体种中采用单株育种法育成。省审定品种。无性系。乔木型，枝条节间短。大叶，叶矩圆形，叶色绿，叶身稍背卷，叶面隆起，叶基半圆形，叶质厚软。芽叶肥壮，绿色，茸毛特多。早生，一芽二叶期在3月上旬。产量高。含茶多酚27.3%、儿茶素总量16.4%、氨基酸2.3%、咖啡碱4.9%、水浸出物48.0%，酚氨比11.9。茶多酚和咖啡碱含量高。制红茶，香高持久，滋味鲜浓甘醇。亦适制滇绿、滇青。抗寒性弱，抗旱性较强。

8. 清水3号

由云南滇红集团茶叶科学研究所从凤庆清水群体种中采用单株选育法育成，登记品种（林业）。无性系。小乔木型，分枝密。大叶，叶椭圆形，叶色绿黄，叶身稍内折。芽叶黄绿色，茸毛多。早生，春茶开采期在3月上旬。产量高。含茶多酚27.7%、儿茶素总量14.6%、氨基酸3.7%、咖啡碱3.4%，酚氨比7.5。茶多酚含量高。制红茶，花香持久，间或似奶香，滋味浓醇甘爽。亦适制滇绿、滇青。抗寒、抗旱性均强。

9. 英红9号

由广东省农业科学院茶叶研究所从云南大叶茶群体种中采用单株育种法育成。省审定品种。无性系。乔木型，分枝较密。大叶，叶椭圆形，叶色浅绿，叶面隆起，叶身稍内折。早生，英德春茶一芽二叶盛期在3月下旬。芽叶黄绿色，茸毛特多。含茶多酚21.3%、氨基酸3.2%、咖啡碱3.6%、水浸出物55.2%，酚氨比6.7。适制于1959年创制的英德红茶，特点是：条索肥嫩紧结显金毫，汤色红艳，具玫瑰香，滋味浓厚鲜爽。制金毫红茶，条索圆紧、金毫满披，具毫香或花香，滋味浓醇甜爽，易呈现"冷后浑"。亦适制银毫绿茶。抗寒性较弱。

图4-6　英德红茶

10. 政和大白茶

产于福建省政和县铁山乡。国家认定品种。无性系。小乔木型，植株高大，树姿直立，分枝较稀。大叶，叶椭圆形，叶色深绿，叶面隆起，叶身平。芽叶黄绿带微紫色，茸毛特多，持嫩性强。晚生，一芽二叶盛期在4月中旬。产量较高。含茶多酚24.9%、氨基酸2.4%、咖啡碱4.0%，酚氨比10.4。制历史名茶政和工夫，条索肥壮显金毫、色泽乌润，汤色红艳，金圈厚，有紫罗兰香，滋味醇厚。用单芽制的白茶俗称西路银针，特点是：白毫密披，香气清鲜，滋味甘醇。抗寒性较强。

图4-7　政和大白茶叶片

11. 紫　娟

由云南省农业科学院茶叶研究所从勐海大叶群体种中采用单株选育法育成。因嫩梢的芽、叶、茎均为紫色，故名。国家林业局授予植物新品种权品种。无性系。小乔木型，分枝较密，叶片上斜状着生。大偏中叶，叶披针形，成熟叶绿稍紫色，叶身内折，叶面平。芽叶紫红色，茸毛较少。中生，一芽三叶期在3月下旬至4月上旬。产量中等。含茶多酚36.2%、氨基酸2.9%、咖啡碱4.7%、花青素3.36%。茶多酚和花青素含量特高。采摘一芽二叶制"紫娟红"，鲜叶在日光萎凋和萎凋槽萎凋后，加入做青工艺，即适当摇青或碰青，以减少苦涩味，增加花香，然后再进入揉捻、发酵、烘干工序。"紫娟红"品质特点是：条索乌润，汤色褐红带紫，金圈稠厚，有果糖香，又略有兰花香，滋味醇厚，略带苦，叶底古铜色。制滇青茶，不论干茶和汤色，都呈淡靛蓝色，有特殊香味。抗性强。

图 4-8　紫娟鲜叶呈淡靛蓝色（何青元　供图）

图 4-9　紫娟红茶和叶底（何青元　供图）

第五章

乌龙茶品种

我国乌龙茶产区按地域有武夷茶区、闽南茶区、潮汕茶区和台湾茶区。各个茶区都有主要栽培品种。

第一节　闽北乌龙

福建武夷山种茶历史悠久。武夷山乌龙茶又称武夷岩茶或内山岩茶，主产于慧苑岩、牛栏坑、大坑、流香涧、悟源涧一带。茶树多生长在岩隙间，即使块状茶园也都处在深坑峡谷之中，形成"岩岩有茶，非岩不茶"的特殊景观。宋《宣和北苑贡茶录》载："一种茶，丛生石崖，树叶尤茂……别号石乳。"武夷岩茶是历史名茶，1959年"全国十大名茶"之一。闽北水仙获1915年巴拿马万国博览会银奖。

1. 武夷十大名丛

名丛没有科学定义，从生长在武夷山一带的菜茶群体中单株选择，将品质优异或性状特异者称作名丛，这就是著名武夷十大名丛的来历，其中的大红袍、铁罗汉、白鸡冠、水金龟为珍贵名丛。名丛均是无性繁殖。现分述于下。

①大红袍　品种名同茶名。产于武夷山天心岩九龙窠崖壁。传说"树高十丈，叶大如掌，生峭壁间，风吹叶坠，寺僧拾制为茶，能治百病"。清道光年间郑光祖撰《一斑禄杂述》（1839）卷四载："……若闽地产红袍建旗，五十年来盛行于世。"大红袍名缘由说法不一，一说是明永乐帝游武夷山时偶得风寒，饮此茶得安宁，遂以红袍加身，故名；另一是天心岩寺僧说"该树以嫩叶紫红色而得名"。省审定品种。无性系。灌木型，植株较矮，分枝密。中偏小叶，叶色绿，叶椭圆形，叶身稍内折，叶尖钝尖。芽叶绿带微紫红色，茸毛中等，嫩梢节间短。晚生，一芽三叶盛期在4月下旬。产量中。含茶多酚17.1%、氨基酸5.0%、咖啡碱3.5%、水浸出物51.0%，酚氨比3.4。氨基酸含量高。一般在5月上旬采制大红袍。特点是：条索壮实、色泽绿褐油润，香气馥郁芬芳，似兰花香，滋味清醇，"岩韵"显。抗性强。

图 5-1　大红袍母树和枝叶

②铁罗汉　产于武夷山慧苑岩之内鬼洞（亦名峰窠坑），相传宋代已有，为武夷名丛之最早。灌木型，分枝较密。中（偏小）叶，叶椭圆形，叶色深绿，叶身平，叶尖钝尖。芽叶绿带微紫色，茸毛较少。中生，一芽三叶盛期在4月中旬。产量高。含茶多酚22.5%、氨基酸2.9%、咖啡碱3.7%，酚氨比10.2。抗性强。品质特点是：条索紧结粗壮、色泽绿褐显红点，香气浓郁鲜锐，滋味浓醇，"岩韵"显。抗性强。

③白鸡冠　产于武夷山隐屏峰蝙蝠洞（慧苑岩火焰峰下外鬼洞有同名白鸡冠），相传产于明代。灌木型，分枝较密。中叶，叶长椭圆形，叶色黄绿，叶身内折，叶尖钝尖，叶质较厚脆。芽叶黄泛白色，茸毛少，嫩梢节间短。春梢顶芽微弯似鸡冠，故名。晚生，一芽三叶盛期在4月下旬。产量中等。含茶多酚22.6%、氨基

酸3.5%、咖啡碱2.9%，酚氨比6.5。品质特点：色泽黄褐，香气高爽似橘皮香，滋味浓醇甘鲜。抗性强。

图5-2　白鸡冠

④水金龟　产于武夷山牛栏坑杜葛寨峰下半崖，相传清末已有。灌木型，分枝较密。中偏小叶，叶长椭圆形，叶色绿，叶身内折，叶尖钝尖，叶质较厚脆。芽叶绿带紫红色，茸毛较少，嫩梢节间短。晚生，一芽三叶盛期在4月下旬。产量中等。含茶多酚23.0%、氨基酸2.3%、咖啡碱3.9%，酚氨比10。品质特点：色泽绿褐，香气浓郁，似腊梅香，滋味浓厚甘爽，显"岩韵"。抗性强。

⑤半天腰　又名半天妖。产于武夷山三花峰之第三峰，相传清末已有。灌木型，分枝密。中叶，叶长椭圆形，叶色深绿，叶身稍内折，叶尖钝尖，叶质较厚。芽叶紫红色，茸毛较少，嫩梢节间较短。晚生，一芽三叶盛期在4月下旬。产量较高。含茶多酚22.9%、氨基酸3.6%、咖啡碱3.7%，酚氨比6.4。品质特点：色泽绿褐润，香气馥郁，似蜜香，滋味浓厚回甘，显"岩韵"。抗性强。

⑥武夷白牡丹　产于武夷山马头岩水洞口，已有近百年栽培史。灌木型，植株较高大，分枝密。中叶，叶长椭圆形，叶色绿，叶身稍内折，叶质较厚脆。芽叶绿带紫红色，茸毛较少，嫩梢节间较短。晚生，一芽三叶盛期在4月下旬。产量较高。含茶多酚22.4%、氨基酸2.5%、咖啡碱4.4%，酚氨比9。品质特点是：色泽黄绿褐

润，香气浓郁，似兰花香，滋味醇厚甘爽。抗性强。

⑦武夷金桂　产于武夷山白岩莲花峰，已有近百年史。灌木型，分枝较稀。中叶，叶卵圆形，叶色绿，叶身平稍背卷，叶面隆起，叶尖钝尖，叶质较厚脆。芽叶较肥壮，绿带紫红色，茸毛较少。晚生，一芽三叶盛期在4月下旬。产量中等，含茶多酚20.5%、氨基酸4.7%、咖啡碱3.5%，酚氨比4.4。氨基酸含量较高。品质特点：色泽绿褐润，香气浓郁似桂花香，滋味醇厚甘爽。抗性强。

⑧金锁匙　产于武夷山宫山前村（弥陀岩等多处有同名金锁匙），已有近百年栽培史。灌木型，植株较高大，分枝密。中叶，叶椭圆形，叶色绿，叶身平，叶尖钝尖，叶质较厚脆。芽叶黄绿色，茸毛少，嫩梢节间较短。中生，一芽三叶盛期在4月中旬。产量高。含茶多酚24.3%、氨基酸2.4%、咖啡碱3.6%，酚氨比10.1。品质特点：色泽绿褐润，香气高锐，滋味醇厚回甘，显"岩韵"。抗性强。

⑨北斗　产于武夷山北斗峰，已有70多年栽培史。灌木型，植株较高大，分枝较密。中叶，叶椭圆形，叶色绿，叶身稍背卷，叶质较厚软。芽叶绿带紫红色，茸毛少，嫩梢节间较短。中生，一芽三叶盛期在4月中旬。产量高。含茶多酚24.2%、氨基酸2.3%、咖啡碱3.8%，酚氨比10.5。品质特点是：色泽绿褐润，香气浓郁鲜爽，滋味浓厚回甘，显"岩韵"。抗性强。

⑩白瑞香　产于武夷山慧苑岩，已有百年史。灌木型，植株较高大，分枝较密。中叶，叶椭圆形，叶色绿，叶身平，叶面平，叶尖钝尖，叶质较厚脆。芽叶黄绿带微紫红色，茸毛较少，嫩梢节间较短。中生，一芽三叶盛期在4月中旬。产量高。含茶多酚16.7%、氨基酸4.7%、咖啡碱3.4%，酚氨比3.6。氨基酸含量较高。品质特点：色泽黄绿褐润，香气高久，滋味浓厚，似粽叶味，显"岩韵"。抗性强。

2. 福建水仙

又名武夷水仙、水吉水仙。品种名同茶名。产于福建省南平市建阳区小湖镇。国家认定品种。无性系。小乔木型，植株高大。大叶，叶椭圆形，叶色深绿，叶面平，叶身平，叶质厚。芽叶淡绿色，茸毛多。晚生，武夷山一芽三叶盛期在4月下旬。产量较高。含茶多酚17.6%、氨基酸3.3%、咖啡碱4.0%、水浸出物50.5%，酚氨比5.3。制水仙乌龙，条索肥壮、色乌褐油润，香气浓郁有兰香，滋味浓

图5-3　水仙乌龙

醇甘爽。亦适制白茶，白毫密披，香清味醇。抗寒性较强。

3. 肉　桂

品种名同茶名。产于福建省武夷山马枕峰。省认定品种。无性系。灌木型，植株较高大，分枝较密。中叶，叶长椭圆形，叶色深绿，叶身内折。芽叶紫绿色，茸毛少。晚生，武夷山一芽三叶盛期在4月下旬。产量较高。含茶多酚17.7%、氨基酸3.8%、咖啡碱3.1%、水浸出物52.3%，酚氨比4.7。按"小至中开面"采制的肉桂乌龙，条索紧结壮实、色泽青褐润，香气浓郁辛锐，似桂皮香，滋味醇厚甘爽。抗寒性强。

第二节　闽南乌龙

以安溪、漳州为中心的福建省南部是我国最大的乌龙茶产区。闽南产茶历史悠久，明嘉靖（1552）《安溪县志》记："安溪茶产常乐、崇善等里……"清康熙四十五年（1706）王梓的《茶说》中已有安溪产乌龙茶的记载，表明其有300多年历史。同时，安溪有规模栽培的品种就有30多个，1985年国家一次认定的品种就有6个，故不论是品种数或是国家认定数，其都是全国县域范围内最多的。此外，一些品种如大叶乌龙、软枝乌龙等以及制茶工艺也是最早从这里传播到台湾省的，对台湾的乌龙茶产业有着深远的影响。现择主要品种介绍于下。

1. 铁观音

又称安溪铁观音、魏饮种。铁观音既是品种名，又是茶名。产于福建省安溪县西坪镇尧阳村，已有270多年历史。国家认定品种。无性系。灌木型，植株中等，树姿开张，分枝稀。中叶，叶椭圆形，叶色绿，叶身平。芽叶绿带紫红色，茸毛较少。偏晚生，一芽三叶盛期在4月中下旬。产量中等。含茶多酚17.4%、氨基酸4.7%、咖啡碱3.7%，水浸出物51.0%，酚氨比3.8。氨基酸含量较高。观音乌龙特点是：条索圆紧重实、色泽砂绿、红点鲜明，香气馥郁幽长，有兰香，滋味醇厚甘鲜。铁观音独特香味，俗称"观音韵"。铁观音是历史名茶，1959年"全国十大名茶"之一。抗寒性较强，适应性较差。

图 5-4　铁观音新梢及观音乌龙

2. 黄　棪

所制乌龙茶称黄金桂。产于福建省安溪县虎邱镇。国家认定品种。无性系。小乔木型，分枝较密。中叶，叶椭圆形，绿偏黄色。芽叶黄绿色，茸毛较少。早生，一芽三叶盛期在4月初。产量较高。含茶多酚16.2%、氨基酸3.5%、咖啡碱3.6%、水浸出物48.0%，酚氨比4.6。制黄金桂，条索紧结、色泽黄褐润，香气馥郁芬芳，俗称"透天香"，滋味醇厚鲜爽。亦适制红茶、毛尖茶，花香浓久。抗寒性和适应性强。

图 5-5　黄棪新梢

3. 毛　蟹

又名茗花。品种名同茶名。产于福建省安溪县大坪镇。国家认定品种。无性系。灌木型，分枝密。中叶，叶椭圆形，叶色深绿，叶面平，叶身平，叶质厚脆，叶尖钝尖，叶齿锐密。芽叶淡绿色，茸毛多，嫩梢节间短。中生，一芽三叶期在4

月中旬。产量高。含茶多酚14.7%、氨基酸4.2%、咖啡碱3.2%、水浸出物48.2%，酚氨比3.5。制毛蟹乌龙，条索肥壮重实、色泽砂绿褐润，香气浓郁高锐，滋味醇厚甘鲜。制红茶、毛尖茶，花香高久，味鲜醇。抗寒性强。需及时采摘。

4. 梅　占

产于福建省安溪县芦田镇三洋村，有百余年栽培史。国家认定品种。无性系。小乔木型，树姿直立，叶片上斜状着生。中叶，叶长椭圆形，叶色深绿，叶面平，叶片的最显著特征是：叶身强内折，叶尖钝尖，叶脉隐现。芽叶绿色，茸毛较少，嫩梢节间长3～6cm。中生，一芽二叶初展期在3月下旬到4月初。产量高。含茶多酚16.5%、氨基酸4.1%、咖啡碱3.9%、水浸出物51.7%，酚氨比4。适制多种茶类。乌龙茶品质特点是：身骨重实，花香浓郁，滋味独特。制红茶有兰花香，味厚实。制毛尖茶，香气高锐，滋味醇厚。耐寒性、耐旱性均强。

图 5-6　梅　占

5. 白芽奇兰

由福建省平和县茶叶站等从当地群体种中采用单株选育法选育而成，省审定品种。无性系。灌木型。中叶。芽叶绿色，茸毛较多。晚生，一芽二叶期在3月下旬至4月上旬。含茶多酚16.4%、氨基酸3.6%、咖啡碱3.9%、水浸出物48.2%，酚氨比4.6。制创新乌龙白芽奇兰，外形紧结重实、呈半球形、青褐油润，兰香高长，滋味醇爽。亦适制红茶，花香浓厚。抗寒性强。

6. 佛　手

又名雪梨、香橼种。品种名同茶名。有红芽佛手与绿芽佛手之分。产于福建省安溪县虎邱镇金榜村骑虎岩，有100余年栽培史。永春县达埔镇狮峰岩有1704年种植的80多株老佛手。省审定品种。无性系。灌木型，树姿开张（绿芽佛手半开张），分枝稀，叶片呈水平或下垂状着生。大叶，叶卵圆形，叶色黄绿或绿，叶身稍扭曲背卷（绿芽佛手稍内折），叶面强隆起，叶尖钝尖或圆尖，叶齿钝、稀、浅，叶质厚软。因叶形与香橼（芸香科）相似，故名佛手。芽叶绿带紫红色（绿芽佛手为淡绿色），茸毛较少，肥壮。中生。一芽二叶期在3月下旬至4月初。产量高。含茶多酚16.2%、氨基酸3.1%、咖啡碱3.1%、水浸出物49.0%、酚氨比5.2。用红芽佛手制历史名茶永春佛手，条索肥壮重实、呈半球形、色泽砂绿油润、香气似雪梨香、幽长，滋味浓醇甘鲜。制红茶，花香高锐，味鲜醇甘滑。耐寒性、耐旱性较强。

图5-7　红芽佛手

7. 金观音

又名茗科1号。品种名同茶名。由福建省农业科学院茶叶研究所以铁观音为母本，黄棪为父本，采用人工杂交培育而成。国家审定品种。无性系。灌木型，分枝较密。中叶，叶椭圆形，叶色深绿，叶身平。早生，福安一芽三叶盛期在4月初。芽叶绿稍紫红色，茸毛少。产量高。含茶多酚19.0%、氨基酸4.4%、咖啡碱3.8%、水浸出物45.6%，酚氨比4.3。适制多种茶类。制创新名茶金观音，色泽褐绿润，香气馥郁幽长，滋味醇厚回甘，具有铁观音的香味特征。亦适制红茶和毛峰茶，显花香，滋味鲜醇。抗寒性和适应性强。

图5-8　金观音

8. 金牡丹

由福建省农业科学院茶叶研究所以铁观音为母本，黄棪为父本，采用人工杂交育成。国家鉴定品种。无性系。灌木型。中叶，椭圆形，叶色绿，叶面隆起，叶身平。早生，福安一芽二叶期在3月中下旬。芽叶绿紫色，茸毛少。含茶多酚18.6%，氨基酸5.1%、咖啡碱3.6、水浸出物49.6%，酚氨比3.6。氨基酸含量高。制乌龙茶，香气馥郁芬芳，滋味醇厚甘爽，具"观音韵"。亦适制红茶。抗寒性强。

9. 丹　桂

由福建省农业科学院茶叶研究所从肉桂有性后代中采用单株选育法育成。国家鉴定品种。无性系。灌木型。中叶，叶椭圆形，叶深绿色，叶面平，叶身稍内折。早生，福安一芽三叶盛期在4月上旬末。芽叶黄绿色，茸毛少。春茶一芽二叶干样含茶多酚17.7%、氨基酸3.3%、咖啡碱3.2%、水浸出物49.9%，酚氨比5.4。按"小至中开面"采制乌龙茶，香气馥郁高长，滋味醇厚甘鲜。抗寒性强。

第三节　潮汕乌龙

广东省是乌龙茶消费大省，但乌龙茶产区又是全国四大区块中最小的，主产于粤东的潮州、汕头一带，故名潮汕乌龙。相比较而言，潮汕乌龙是最具有个性特征的乌龙茶，尤以花蜜香高锐浓郁为特色，简言之"微花浓密"。

1. 岭头单丛

又名白叶单丛、铺埔单丛，由广东省潮州市饶平县坪溪镇岭头村农民与市县科技人员合作，从凤凰水仙群体中采用单株选育法育成。国家审定品种。无性系。小乔木型，植株较高大，树姿半开张。中叶，叶长椭圆形，叶色黄绿，叶身内折，叶面平，叶齿钝浅。芽叶黄绿色，茸毛少。早生，一芽三叶期在3月中下旬。产量高。含茶多酚22.4%、氨基酸3.9%、咖啡碱2.7%、水浸出物56.7%。制岭头单丛乌龙茶，"小至中开面"时采三四叶。品质特点：条索紧直、色泽黄褐油润，花蜜香浓郁持久，滋味醇爽回甘，显蜜露味。亦适制红茶，味浓香高。抗寒性和适应性较强。

2. 鸿雁9号

由广东省农业科学院茶叶研究所从八仙茶有性后代中采用单株选育法育成。国家鉴定品种。无性系。小乔木型，植株高大，树姿开张，分枝中等。中叶，叶长椭圆形，叶色深绿，叶身平，叶面隆起，叶质较脆。芽叶淡绿色，茸毛中等。早生，一芽三叶期在3月中旬。产量高。含茶多酚23.4%、氨基酸2.3%、咖啡碱3.0%、水浸出物54.3%。适制多种茶类。制乌龙茶"小至中开面"采二三叶。品质特点：花香浓郁持久，滋味浓爽甘滑。制毛尖绿茶和红茶，花香持久，滋味浓醇。抗性较强。

同时育成的同胞系品种鸿雁7号以及从铁观音实生后代中选育的鸿雁1号，也都是国家鉴定品种，适制花香浓爽型乌龙茶。

3. 凤凰十大单丛

与武夷名丛一样，单丛也没有科学定义。凤凰单丛是凤凰水仙群体种中的优异单株，单独采制，单独赋名而成。凤凰单丛为历史名茶，主产于广东省潮州市潮安区凤凰镇海拔800～1200m的乌崧山。一般是小至中开面时采摘二三叶。单丛茶总体特征是：外形肥硕、稍弯曲、色泽鳝褐油润，花香浓郁高锐，滋味醇厚甘爽。根据香气特征或茶树形态分为"凤凰十大单丛"。单丛均是无性繁殖。现逐一简介如下。

①宋种东方红单丛　相传南宋末年（1278），宋帝赵昺为躲避元兵追赶，南逃至潮州，路经凤凰乌崧山，因咀嚼茶树鲜叶解渴，后人便将此树称为"宋种"或"宋茶"。1958年，用精制的单丛茶送毛泽东主席，故又名宋种东方红单丛。小乔木型，植株高大，树高5.8m，树幅7.8m，分枝较密。中叶，叶长椭圆形，叶色淡绿，叶身内折，叶面稍隆起，叶质厚软。芽叶黄绿色，茸毛少。晚生，一芽三叶期在5月中旬。品质特点：栀子花香浓久，滋味浓醇爽口，"蜜韵"突显。制红茶、绿茶亦显花蜜香。

②凤凰黄枝香单丛　已有200多年栽培史。小乔木型，植株高大，分枝中等。中叶，叶长椭圆形，叶色黄绿，叶身内折，叶面平，叶质厚软。芽叶浅黄绿色，茸毛少。早生，一芽三叶期在4月中下旬。品质特点：蜜香浓郁持久，具栀子花香，滋味甘醇爽口。制红茶、绿茶亦突显花蜜香。

图5-9　黄枝香单丛

③芝兰香单丛　相传是宋代遗存的2株老丛。小乔木型，植株高大，其中1株树高5.9m，树幅7.9m，树姿较直立，叶片上斜状着生。中叶，叶长椭圆或倒卵圆形，叶色黄绿，叶身内折，叶面平，叶质中等。芽叶黄绿色，茸毛少。中生，一芽三叶期在5月上旬。品质特点：有细腻的芝兰花香，滋味甘醇爽口。制红茶、绿茶亦显芝兰香。

④宋种蜜兰香单丛　又名红薯香单丛。相传种于南宋末期。小乔木型，植株高大，分枝中等。中叶，叶长椭圆形，叶色淡绿，叶身内折，叶面平，叶质厚软。芽叶黄绿色，茸毛少。中生，一芽三叶期在5月上旬。品质特点：蜜香高锐持久，薯蜜味浓醇爽口。制红茶、绿茶"蜜韵"突显。

⑤八仙过海单丛　相传宋代留传的1株老丛，经压条繁殖成8株茶树，故名。小乔木型，植株高大，其中1株树高7m，树幅8m。中叶，叶长椭圆形，叶色深绿，叶身背卷，叶尖向叶背稍弯卷，叶质稍厚脆。芽叶黄绿色，茸毛少。中偏晚生，一芽三叶期在5月上中旬。品质特点是：显白玉兰花香，蜜味鲜浓回甘。

⑥姜花香单丛　相传种植于明代。因有姜花香，又称通天香单丛。小乔木型，植株高大，分枝中等。中叶，叶长椭圆形，叶色深绿，叶身平，叶质较厚脆。芽叶淡绿色，茸毛少。早生，一芽三叶期在4月下旬。品质特点：花香馥郁持久，滋味浓醇爽口甘滑，有"姜花特韵"。

⑦蛤古捞单丛　因树形得名。小乔木型，植株高大，分枝中等。中叶，叶长椭圆形，叶色浅绿，叶面隆起，叶缘背卷，叶质中等。芽叶黄绿色，茸毛少。早生，一芽三叶期在4月中旬。品质特点：花蜜香浓郁持久，滋味浓醇甘爽。

⑧玉兰香单丛　已有200多年栽培史。小乔木型，树姿半开张，树高6.3m，树幅7.1m。中叶，叶长椭圆形，叶色绿，叶身稍内折，叶质较软。芽叶黄绿色，茸毛少。早生，一芽三叶期在4月下旬。品质特点：玉兰花香清幽高雅，滋味醇厚鲜爽。

图5-10　玉兰香单丛

⑨肉桂香单丛　已有100多年栽培史。小乔木型，植株高大，分枝中等，枝条呈弯曲状。中叶，叶椭圆形，叶色深绿，叶身稍内折，叶质厚软。芽叶淡绿色，茸毛少。早生，一芽三叶期在4月中下旬。品质特点：蜜香浓郁，似肉桂味，醇厚甘滑。

⑩桂花香单丛　已有300多年栽培史。小乔木型，植株高大，分枝中等，叶片上斜状着生。大叶，叶椭圆形，叶色黄绿，叶身内折，叶面平，叶质厚软。芽叶淡黄绿色，茸毛少。特早生，一芽三叶期在4月上中旬。品质特点：有清幽桂花香，滋味甘醇爽口隽永。

4. 银花香单丛

产于海拔900m左右的凤溪管区乌岽顶下坪坑头村。小乔木型，中叶。制成单丛茶，条索紧结壮直，色灰褐油润，汤色橙黄明亮，有自然的杏仁香味，香气浓郁持久，蜜韵独特、悠长，回甘力强，耐冲泡，叶底红镶边。俗称"鸭屎香"，2014年更名为银花香。

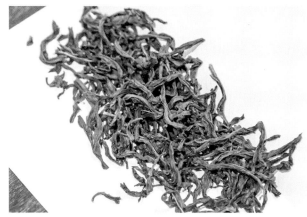

图5-11　银花香单丛（江明珊　供图）

第四节　台湾乌龙

前已所述，台湾乌龙茶品种和制茶工艺大多是早年从福建流入的。现在栽培品种有青心乌龙、四季春、武夷种、佛手、水仙、白毛猴、青心大冇、红心大冇、硬枝红心、红心乌龙、黄心乌龙、铁观音、大叶乌龙等。20世纪60—70年代到21世纪初，台湾省茶业改良场先后育成乌龙茶品种12个，其中以台茶12号、台茶13号、台茶14号、台茶15号品质较优，栽培最多。现择几个主要品种介绍于下。

1. 青心乌龙

又名青心、乌龙、种籽、软枝乌龙等，是制名茶冻顶乌龙的主要品种。原产福建省安溪县。无性系。灌木型，分枝密。小叶，长椭圆形，叶深绿色，叶面平，叶身内折。晚生，春茶一芽三叶盛期在4月中旬。芽叶细小，鲜绿色，茸毛中。冻顶乌龙特点：条索卷曲成球、墨绿油润，清香高锐持久，滋味浓醇甘爽。亦适制绿茶。抗寒性较强。

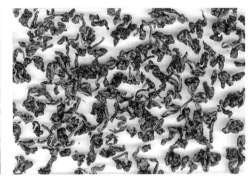

图5-12　青心乌龙及所制冻顶乌龙茶

2. 青心大冇

由台湾省文山县农民从文山群体种中采用单株育种法育成。无性系。灌木型，分枝中等，枝条弯曲，叶片上斜状着生。小叶，叶长椭圆形，叶色绿，叶身平，叶面平，叶尖钝尖，叶脉不明显，叶质硬脆。芽叶肥壮，深绿带紫红色，茸毛中等。中生，一芽三叶期在3月下旬。产量中等。含茶多酚16.1%、氨基酸1.3%、咖啡碱2.3%，酚氨比12.4。适制白毫乌龙。

白毫乌龙是重发酵乌龙茶，产于台湾省新竹县北博、峨眉乡以及苗栗县。用青心大冇品种一芽一二叶加工。白毫乌龙又称碰风茶、东方美人茶，其名称有来历。原来，芒种到大暑期间高温多湿，茶芽最易受小绿叶蝉为害。被害芽叶残缺破损，加工的乌龙茶，外形和色泽很差，品相不好，茶农抱着卖多卖少总比"颗粒无收"好的心态到市场试销，结果因香味独特，受到消费者喜欢，茶叶很快售罄。原本是想碰碰运气的，结果是歪打正着，所以取名"碰风茶"。20世纪30—40年代英国王室维多利亚女王喝这种东方产的茶叶，满室飘香，赞不绝口，联想起东方女子穿着旗袍的婀娜多姿，遂称作"东方美人茶"。据测定，遭小绿叶蝉为害后芽梢释放出的化合物2,6-二甲基-3,7-辛二烯-2,6-二醇，加工时会产生特殊的香气，也使干茶色泽呈现红、黄、白、青、褐五色相间，集花香、果香、蜜香于一体，滋味甘醇，汤色橙红、明亮，呈琥珀色，在众多乌龙茶中别具一格。青心大有亦适制红茶、绿茶。抗寒性强，抗旱性弱。

图 5-13　白毫乌龙（东方美人茶）

图 5-14　小绿叶蝉（肖强　供图）

3. 金　萱

又名台茶12号。由台湾省茶业改良场用台农8号与硬枝红心人工杂交育成。闽、粤、桂、滇等省区有引种。无性系。灌木型，树姿开张，分枝密。中叶，叶椭圆形，叶深绿色，叶身较平，叶面平。中等偏早生，一芽三叶盛期在4月中旬。芽叶绿色，茸毛短密。含茶多酚17.8%、氨基酸2.6%、咖啡碱2.3%，酚氨比6.8。制金萱乌龙，条索紧结，呈半球形、色泽砂绿，香气高雅有奶香，滋味浓醇爽口。亦适制冻顶乌龙和绿茶。抗寒性和适应性均强。

图 5-15　金　萱

4. 翠　玉

又名台茶13号。由台湾省茶业改良场用硬枝红心与台农80号人工杂交而成。无性系。灌木型，树姿较直立，分枝较稀，叶片上斜状着生。中叶，叶近阔椭圆形，叶色浓绿，稍灰暗，叶身内折，叶面隆起，叶尖钝尖，叶质厚。芽叶深绿带紫色，茸毛中等。早生，开采期在4月上旬。产量中等。含茶多酚15.6%、氨基酸3.1%，酚氨比5。乌龙茶品质特点：清香高雅，滋味甘醇。抗性和适应性均强。

第六章

Chapter 6

白茶品种

名优茶与茶树品种
Famous tea and
tea variety

　　白茶是我国特有茶类之一，分传统白茶和新工艺白茶。白茶满披白毫，色白隐绿，汤色浅淡，味甘醇。多采以幼嫩芽叶，经晾晒或烘焙等工序制作而成。适制品种要求芽叶茸毛密，单芽长，传统品种有福鼎大白茶、福鼎大毫茶、政和大白茶、福建水仙等无性系品种。新工艺白茶多采用芽壮、毛多的群体种，如乐昌白毛茶、凌云白毛茶、景谷大白茶等。

第一节　传统白茶

1. 福鼎大白茶

适制各品级白茶。品种性状见第三章第三节。

2. 福鼎大毫茶

产于福建省福鼎市点头镇。国家审定品种。无性系。小乔木型，植株高大，分枝较密。大叶，叶椭圆形，叶色绿，叶身稍内折。芽叶黄绿色，茸毛密长，持嫩性强。早生，一芽一叶盛期在3月下旬初。产量高。含茶多酚17.3%、氨基酸5.3%、咖啡碱3.2%、水浸出物47.2%，酚氨比3.3。氨基酸含量高。用单芽所制的历史名茶银针白毫，条索壮硕、白毫满披，清香味鲜。制毛峰茶，翠绿显毫，有栗香，味甘醇。抗寒性强。

3. 政和大白茶

适制西路银针白茶和白牡丹，品种性状见第四章第二节。

4. 福建水仙

适制各品级白茶，品种性状见第五章第一节。

第二节　新工艺白茶

新工艺白茶原料嫩度相对较低，在摊晾（萎凋）基础上稍加压揉捻。外形多半是褶缩成半卷条形，色泽褐绿，清香，滋味浓醇清甘，汤色橙黄或橙红，叶底清灰带黄褐，叶脉微红。

1. 乐昌白毛茶

产于广东省乐昌、仁化等县。国家认定品种。有性系。小乔木型，分枝较稀。大叶，叶长椭圆或披针形，叶色绿或黄绿，叶身平或稍内折。芽叶肥壮，绿或黄绿色，茸毛特多。早生，乐昌一芽二叶盛期在3月中下旬。产量高。含茶多酚29.3%、儿茶素总量15.7%、氨基酸1.6%、咖啡碱5.7%，酚氨比18.3。茶多酚和咖啡碱含量高。制白毫银针和创新名茶白云雪芽，色泽绿面白底，香气清幽，滋味甘饴爽口。亦适制"英红"，甜香绵长，滋味浓醇。

2. 乐昌白毛1号

由广东省乐昌农场从乐昌白毛茶群体种中采用单株选育法育成。省审定品种。无性系。小乔木型，中叶。芽叶绿或黄绿色，肥壮，茸毛特多。早生，一芽三叶期在3月底至4月初。含茶多酚21.3%、氨基酸2.7%、咖啡碱3.0%、水浸出物56.3%，酚氨比7.9。制仁化银毫、白云雪芽，条索肥硕，兰香高长，味浓醇。此外，亦适制金毫红茶和毛峰茶。抗寒性中等。

图6-1　乐昌白毛1号单芽

3. 凌云白毛茶

产于广西壮族自治区百色市凌云、乐业、右江等县（区）。国家认定品种。有性系。小乔木型，分枝较稀。大叶，叶椭圆或长椭圆形，叶色青绿，叶身平或稍内折，叶面强隆起，无光泽，叶尖急尖或渐尖，叶质薄软，叶背主脉多毛。芽叶黄绿色、茸毛特多。含茶多酚25.8%、氨基酸3.4%、咖啡碱4.5%，酚氨比7.6。茶多酚含量较高。早生。产量高。清明至谷雨期间采制，特级白毫采单芽为主，一级采一芽一叶，二级采一芽一二叶。采摘单芽制创新名茶凌乐银针，呈象牙白色，突显桃香或梅香，滋味清鲜甘醇。亦适制红茶和毛峰茶。

图6-2　凌乐银针

4. 汝城白毛茶

产于湖南省汝城县三江口瑶族镇九龙山一带。有性系。小乔木型，树姿直立，分枝较稀。大叶，叶长椭圆或椭圆形，叶色绿稍黄，叶身稍内折，叶尖尾尖，叶革质，叶背有茸毛。芽叶黄绿色，茸毛特多。中生。含茶多酚21.0%、氨基酸2.9%、咖啡碱3.8%，酚氨比7.2。所制创新名茶汝白银针，芽叶相连成朵、银毫隐翠，毫香清高，滋味鲜醇回甘。亦适制红茶，橙毫满披，香味甘醇。

5. 景谷大白茶

又名秧塔大白茶。产于云南省景谷傣族彝族自治县民乐、小景谷镇一带。有性系。小乔木型，树高幅5～6m。大叶，叶长椭圆形，叶色绿，叶面隆起，叶背多毛。芽叶淡绿色，毛特多，持嫩性强。早生，一芽二叶期在3月上旬。产量较高。含茶多酚31.1%、儿茶素总量15.4%、氨基酸3.4%、咖啡碱5.0%、茶氨酸1.75%，酚氨比9.1。茶多酚含量特高，咖啡碱含量高。利用芽壮多毛特点，创制了多种白茶，如采单芽制白龙须，采一芽一叶制月美人，采一芽二叶制月光白，采一芽二三叶制月光寿等。月光白是最具代表性的云南大叶种白茶，特点是：干茶白底褐面，即叶背银白，叶面绿褐，汤色橙黄，香气略显花香，滋味醇正，叶底肥壮多毫。

图6-3　月光白

"景谷大白"是创制于清代的云南知名绿茶，条索壮实，银毫密披，香气纯正，滋味浓醇。亦适制滇红和滇青。

6. 坝子白毛茶

产于云南省麻栗坡县猛硐瑶族乡一带，是当地主栽品种。有性系。小乔木型，树高3～5m，树姿多开张。大叶或特大叶，叶椭圆形，叶色绿，叶身稍内折，叶面隆起。芽叶淡绿色，毛特多。含茶多酚27.3%、儿茶素总量22.0%、氨基酸3.9%、咖啡碱4.8%、茶氨酸1.81%、水浸出物48.5%，酚氨比7。茶多酚、儿茶素和咖啡碱含量高。采摘一芽一叶制创新名茶麻栗白糯，色白如羽，香气纯正，滋味浓醇清甘。亦适制滇红和滇青。

7. 广南白毛茶

又名底圩茶。产于云南省广南县底圩、坝美、者龙、者太、莲城等乡（镇）。据《广南县志》记载，广南种茶始于明崇祯十三年（1640）。有性系。灌木型，树姿开张。大叶，叶椭圆或矩圆形，叶色青绿，叶身平或稍内折，叶面隆起，叶缘波。芽叶淡绿偏银白色，多毛。含茶多酚30.3%、儿茶素总量12.9%、氨基酸2.0%、咖啡碱5.3%、水浸出物42.3%，酚氨比15.2。茶多酚和咖啡碱含量特高。采单芽制创新名茶底圩白毫，锋苗浑圆、毫毛如银，汤色嫩黄，蜜桃香持久，滋味醇厚。加糯米制作的竹筒香茶（绿茶），糯香馥郁，滋味醇厚，别具特色。

第七章

Chapter 7　　　黄茶品种

　　黄茶基本工艺同绿茶，只是在加工过程中增加包闷工艺，使之形成黄叶、黄汤特点。适制黄茶品种除芽叶茸毛较多外，别无其他专一要求，多为当地群体品种。按原料老嫩和工艺，分黄小茶和黄大茶。

第一节　黄小（芽）茶

1. 洞庭君山种

　　是著名君山银针的栽培品种。君山是位于湖南省岳阳市洞庭湖中一小岛，与岳阳楼隔湖相望。唐·刘禹锡诗曰："遥望洞庭山水翠，白银盘里一青螺。"君山银针创制于唐代，是历史名茶。因茶叶满披金黄色茸毛，唐称"黄翎毛"。是1959年"全国十大名茶"之一。

　　有性系。灌木型，分枝密。中叶，叶椭圆形，叶色绿，叶面隆起。芽叶绿色，茸毛中等。产量高。含茶多酚19.3%、儿茶素总量10.2%、氨基酸3.8%、咖啡碱4.2%，酚氨比5.1。在清明前3~4天采摘单芽，芽长2.5~3.0cm，宽3~4mm。工序有摊青、杀青、初烘、初包发酵（用皮纸包裹茶叶后放置于容器中封盖40~48小时）、复烘、复包发酵（方法同初包发酵，时间20～22小时）、足干（烘至含水率为5%）。品质特点是：芽身金黄、满披橙毫（称之"金镶玉"），汤色杏黄明净，香气浓郁，滋味甜爽醇和，叶底嫩黄匀齐。于1955年获德国莱比锡国际博览会金质奖。

图7-1 君山银针

2. 平阳群体种

产于浙江省平阳县北港（南雁荡山一带），临近的苍南、泰顺等县亦有栽培，是制作温州黄汤的主要品种。温州黄汤又称平阳黄汤，创始于1798年前后，是历史名茶。有性系。灌木型，分枝密。中叶，叶椭圆或长椭圆形，叶色绿。芽叶绿色，茸毛较多。早生，一芽一叶期在3月下旬。产量中等。含茶多酚17.7%、氨基酸4.9%、咖啡碱4.9%、水浸出物47.8%，酚氨比3.6。氨基酸和咖啡碱含量较高。清明前采摘一芽一叶至一芽二叶初展叶，经摊青、杀青、揉捻、"九闷九烘"等工序制成。品质特征是：条索细紧纤秀、色泽黄褐显毫，汤色橙黄，似玉米香味，叶底嫩黄秀丽。

图7-2 温州黄汤

3. 川茶种

通常将产于川西名山、荥经、邛崃、崇州、眉山等县（市、区）的地方品种称川茶种。有性系。灌木型，分枝密。中偏小叶，叶椭圆、长椭圆或披针形，叶色绿，叶身稍内折。芽叶绿色，茸毛多或少。产量高。早生，一芽二叶期在3中下旬。含茶多酚16.2%、氨基酸3.0%、咖啡碱3.9%，酚氨比5.4。采摘单芽或一芽一叶初展制历史名茶蒙顶黄芽，手工工序有：杀青；初包——用纸趁热将茶叶包闷；二炒——在锅中抖闷拉直，初步成形；复包——使茶叶进一步黄变，时间60分钟；三炒——重复二炒方法；摊放——使水分分布均衡；整形提毫——在锅中滚炒结合烘焙，至含水率6%左右。品质特点：外形扁平挺直、杏黄披毫，甜香高久，滋味甘醇，叶底黄亮。

川茶种亦是雅安等地生产雅安藏茶（南路边茶）的主要品种。采摘或刈割枝叶，经杀青、揉捻、渥堆发酵、干燥等工序制作而成。成品茶条索较松卷、棕褐油润，香气纯正，滋味醇和，显老茶味，叶底棕褐粗老。

4. 霍山群体种

霍山黄芽是历史名茶，源于唐代前，据唐·李肇《国史补》记载，十四贡品中就有"霍山之黄芽"。当家品种是安徽省霍山县大化坪一带的霍山群体种。省认定品种。有性系。灌木型，叶片上斜状着生。叶椭圆形，叶色淡绿，叶身内折。芽叶黄绿色，茸毛中等。晚生，一芽三叶期在5月上旬。产量中等。含茶多酚21.8%、儿茶素总量13.8%、氨基酸5.0%，酚氨比4.4。氨基酸含量高。谷雨后采摘一芽一叶和一芽二叶，经摊青、杀青、揉捻、初包发酵、复包发酵、烘干等工序制作而成。品质特点：条索紧结有锋苗、橙毫显露，香气清纯，略带花香，滋味鲜醇回甜。

第二节　黄大茶

1. 金寨青山种

产于安徽省霍山、金寨、六安、岳西等县（市）的黄大茶（统称皖西黄大茶、霍山黄大茶），同属于黄茶。因枝大叶大，茎大梗粗而得名，但所用品种不是大叶种，而是霍山群体种、金寨青山种等中小叶品种。

金寨青山种，产于金寨县青山、面冲、油店、朱塘一带。有性系。灌木型，叶片上斜状着生。中叶，叶椭圆或长椭圆形，叶色深绿，叶身内折，叶面隆起，叶质柔软。芽叶黄绿色，茸毛中等。晚生，一芽三叶期在5月上旬。产量中等。含茶多酚22.0%、儿茶素总量14.0%、氨基酸4.5%，酚氨比4.9。一般在立夏前后2~3天开采，采3~4批。夏茶在芒种后3~4天采摘1~2批。采摘标准为一芽四五叶。工序有炒茶（杀青和揉捻结合）、初烘、堆积、烘焙等。品质特点：外形梗叶相连，叶片成条，形似鱼钩，色泽金黄油润，茶汤黄褐，具有焦糖香，滋味浓厚顺滑，叶底黄褐，似古铜色。主销沂蒙山区和太行山一带。

第八章

Chapter 8 黑茶品种

黑茶是再加工茶，对品种无专门要求。云南大叶品种，如勐库大叶、勐海大叶、凤庆大叶、云抗10号、云抗14号、矮丰等所制的晒青（滇青），均是制普洱茶和普洱沱茶的原料，故有关品种在黑茶品种介绍。湖南安化黑茶、四川边茶、广西六堡茶、湖北老青茶等都用当地群体品种制成绿茶后再加工。

第一节 大叶种黑茶

1. 勐库大叶茶
品种性状见第四章第二节。

2. 勐海大叶茶
品种性状见第四章第二节。

3. 凤庆大叶茶
品种性状见第四章第二节。

4. 景迈大叶茶
产于云南省澜沧拉祜族自治县惠民镇景迈山景迈行政村，包括芒景、芒红、糯岗、翁基、翁洼、大平掌等14个村寨。景迈大叶，有性系。小乔木型。大叶，叶椭圆形，叶色深绿，叶身平，叶面隆起，叶背主脉多毛，叶质厚软。芽叶黄绿色，多毛。中生，3月下旬可采摘一芽三四叶。产量高。含茶多酚25.4%、氨基酸2.3%、咖啡碱4.6%，酚氨比11。茶多酚和咖啡碱含量较高。制晒青，条索青褐显毫，显樟香或兰香，滋味浓醇回甘。亦适制红茶。景迈茶树常见有寄生的"螃蟹脚"（桑寄生植物枫香槲*Viscum liquidambaricolum* Hayata），民间用于止咳祛痰。

图8-1 景迈大叶茶及寄生的"螃蟹脚"

5. 易武大叶茶

又名易武绿芽茶。产于云南省勐腊县易武、象明等乡，是"六大茶山"栽培品种之一。有性系。小乔木型，树姿半开张或直立，分枝中等。大叶，间或小叶，叶色绿，叶长椭圆或椭圆形。芽叶较肥壮，黄绿色，茸毛多。早生，一芽二三叶期在3月上旬。产量较高。含茶多酚24.8%、儿茶素总量22.8%、氨基酸2.9%、咖啡碱5.1%、茶氨酸1.47%、水浸出物48.5%。酚氨比8.6。儿茶素和咖啡碱含量高。制晒青，条索紧结绿润，显蜜香，滋味鲜爽浓醇。制红茶香味较浓厚。

图8-2 易武大叶茶及晒青

6. 邦东大叶茶

产于云南省临沧市临翔区邦东乡忙麓山，是云南知名名茶昔归茶的栽培品种。昔归地处澜沧江边，海拔只有873m，是云南海拔最低的茶园之一。有性系。小乔木型，分枝密。芽叶绿色，多毛。大叶，叶长椭圆形，叶色绿黄，叶面平，叶背主脉有毛，叶质中。芽叶肥壮，黄绿色，茸毛多。产量较高。含茶多酚28.2%、儿茶素总量17.4%、氨基酸3.0%、咖啡碱4.9%，酚氨比9.4。茶多酚和咖啡碱含量高。制晒青，条索较细紧、色泽绿润有毫，清香或菌香（干巴菌香）持久，滋味鲜醇回甘。亦适制"滇红"。

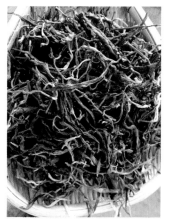

图8-3　地处澜沧江畔的昔归茶园及晒青

7. 腾冲大叶茶

产于云南省腾冲市团田、浦川、芒棒等地，有性系。小乔木型，树幅在3～5m，分枝较密。大叶，叶长椭圆形，叶色绿，叶身平，叶面隆起。含茶多酚24.8%、氨基酸2.4%、咖啡碱5.0%、水浸出物45.0%，酚氨比10.3。咖啡碱含量高。制晒青，条索绿褐显毫，稍有蜜香，滋味醇厚，回甘持久。制"滇红"，乌润显金毫，汤色红亮，显花香，滋味浓强甜爽。

8. 漭水大叶茶

产于云南省昌宁县漭水、温泉等乡镇。有性系。小乔木型，树姿半开张，分枝密。芽叶绿色、多毛。特大叶，叶长椭圆形，叶色深绿，叶身平，叶面隆起。中生。产量高。含茶多酚27.9%、儿茶素总量23.7%、氨基酸3.2%、茶氨酸1.72%。咖啡碱4.9%、水浸出物50.0%。茶多酚、儿茶素和咖啡碱含量高。制晒青，条索肥嫩显毫，有蜜香，滋味醇厚回甘。制"昌宁红"，乌润显金毫，花香持久，味醇厚甘滑。

第二节　中小叶种黑茶

1. 云台山种

湖南是我国黑茶主产省之一，产量约占全国黑茶的40%。安化产茶历史悠久。唐时安化、新化一带属潭州和邵州，毛文锡《茶谱》中有"潭邵之间有渠江，中有茶……其如铁，芳香异常"。原产区以安化为中心，现已扩大到益阳、桃江、宁乡、汉寿、临湘等县（市）。主栽品种是云台山种，又名安化种。国家认定品种。有性系。灌木型，分枝密。中叶，叶长椭圆或椭圆形，叶色绿或黄绿。芽叶黄绿色，茸毛中等。中生，一芽二三叶期在4月中旬。产量较高。含茶多酚22.6%，儿茶素总量14.4%、氨基酸2.9%、咖啡碱4.1%，酚氨比7.8。制烘青茶，原料按嫩度分为：一级一芽三四叶，二级一芽四五叶，三级一芽五六叶，四级以对夹新梢为主。工序有杀青、初揉、渥堆、复揉、干燥等。用烘青茶再压制成紧压茶。

2. 六堡茶

品种名同茶名。六堡茶又名苍梧六堡茶，因产于广西壮族自治区苍梧县六堡镇而得名。清·同治《苍梧县志》载："茶，产多贤乡六堡，味厚，隔宿不变。"现今产区已扩大到贺州、蒙山、昭平、岑溪、横州等县市。品种是六堡群体种。有性系。灌木型，分枝密。中叶，叶椭圆形，叶色绿，叶尖钝尖，叶质较厚脆。芽叶淡绿色，

图 8-4　六堡茶

少数微紫色，茸毛少。早生，开采期在4月初。产量中等。含茶多酚25.9%、氨基酸3.0%、咖啡碱4.4%，酚氨比8.6。茶多酚含量较高。采摘一芽二三叶或一芽三四叶，经杀青、揉捻、渥堆、复揉、干燥等工序制成散茶（烘青）。散茶经初蒸、渥堆、复蒸、装篓，压制成圆身方底的紧压茶。压制后再进仓晾储半年之久，让其发"金花"。

3. 川茶种

制四川边茶（雅安藏茶）主要品种。品种性状见第七章第一节。

第九章

Chapter 9

名优茶的品质鉴定

品质鉴定最直接的方法是对成品茶的色、香、味、形进行评定，必要时再进行理化测定。本章主要讲述感官审评。

第一节　名优茶感官审评

一、审评要求

（1）审评人员具有专业审评资质，身体健康。审评当日不得饮食辛辣食物，不涂抹香水、化妆品，衣着整洁。

（2）审评室环境明亮，空气流通，无阳光直射，温度在20～27℃。

（3）用优质水。"水为茶之母"，《梅花草堂笔谈》云："茶性必发于水：八分之茶遇十分之水亦十分矣；十分之茶遇八分之水亦八分耶。"说明水对茶口感的重要性（表9-1）。水质以微酸性较好（pH 6.5）。可用纯净水。

表 9-1　水质对茶汤及滋味的影响

水　质	汤色、滋味
pH ＞ 7	汤色变深
硬水	汤色深，滋味淡
软水	汤色亮，滋味浓
铁（Fe）过高	汤色变黑褐色
铅（Pb）＞ 0.2mg/L	茶味变苦
镁（Mg）＞ 2 mg/L	茶味变淡
钙（Ca）＞ 2 mg/L	茶味变苦涩
钙（Ca）＞ 4 mg/L	茶味变苦

二、审评方法

1. 审评次序

（1）看外形：①条索紧结度（重实度）。②显毫情况（龙井茶等除外）。③色泽。④润度和光泽度。

（2）闻香气：①香型（嫩香、清香、栗香、花香、甜香等）。②高低情况。③是否持久。④有无高火味或异杂味。

（3）看汤色：①色泽。②明亮度，是否清澈。③有没有沉淀物或显浑浊（碧螺春等除外）。

（4）尝滋味：①鲜爽度。②醇厚度（浓度）。③有无高火味或异杂味。

（5）看叶底：①嫩度。②匀度。③色泽。④明亮度。

绿茶干茶翠绿，有光泽，红茶茶汤红艳，有金圈，乌龙茶花香持久，这些一般都是优质茶。

2. 审评方法

（1）看干样：观察形状、嫩度、色泽、整碎度、净度。黑茶要看金花有无、金花斑块或颗粒大小等。

（2）评内质：取茶样3g或5g，按茶水比为1∶50，冲入沸水后加盖浸泡计时，倒出茶汤，依次看茶汤、闻香气、尝滋味、看叶底。各茶类冲泡时间见表9-2。

表9-2　各茶类冲泡时间（GBT 23776—2018）

茶　类	冲泡时间（min）
绿茶	4
红茶	5
乌龙茶（条形、卷曲形）	5
乌龙茶（颗粒形、圆结形）	6
白茶	5

（3）普洱熟茶（紧压茶）的审评。

①干看外形　优质茶饼匀整端正，棱角（边缘）分明，厚薄一致，模纹清晰；洒面分布均匀（指有洒面的茶），包心不外露，不起层落面；色泽红褐或棕褐；松紧适度。

②湿评内质：称取茶样5g，用200mL标准审评杯碗，将茶样倒入杯中，冲入沸水后立即将头泡水倒掉（洗茶），随即再冲入沸水200mL，泡3分钟后，将茶汤倒入茶碗中，看汤色，嗅香气，尝滋味。然后，进行第二次冲泡，冲入沸水200mL，泡5分钟后，将茶汤倒入茶碗中，再看汤色，嗅香气，尝滋味，比较2次的香气和滋味。优质普洱茶，汤色红浓剔透，陈香浓（馥）郁，滋味浓醇爽滑。

三、审评术语

正确运用评茶术语（表9-3至表9-6）。不可用言过其实或含意不清的形容词或广告语，如"形美色翠""回味绵长""生津止渴""茶气强"等。

表9-3　优质绿茶评语

项　目		评　语
外形	毛峰形	显毫：富有茸毛 锋苗：芽叶细嫩，紧结有锐度 紧秀：芽叶细嫩，条索紧细秀长，显锋苗 细嫩：条索细紧，显毫 细紧：芽叶细嫩，条索紧，锋苗好 紧结：条索卷紧重实 匀整、匀齐、匀称：条索粗细、长短、大小一致

续表 9-3

项　目		评　语
外形	扁形	扁削（扁平）：扁平光滑，苗锋形似矛（如龙井雀舌长 2 ～ 2.8cm，宽 3 ～ 4mm；明前西湖龙井长 2 ～ 2.8cm，宽 5mm）
		挺秀：芽叶细嫩，挺直尖削，显锋苗
		挺直：条索不弯曲
		光滑：条索平整，质地重实，光滑亮丽
	螺形	卷曲：条索呈螺旋状或环状卷曲
干茶色泽		翠绿：色绿翠，有光泽
		嫩绿：浅绿嫩黄，有光泽
		嫩黄：金黄泛嫩白色
		绿润：色绿而鲜活，有光泽
		油润：鲜活，显光泽
汤色		清澈：清净、透明、光亮
		鲜亮：新鲜明亮
		明亮：清净透明
		嫩绿：浅绿微黄，明亮
		黄亮：黄而明亮
		杏黄：黄稍带浅绿
香气		毫香：芽毫的清香
		嫩香：香清细腻
		清香：香气清新纯净
		栗香：似熟栗子香
		花香：似鲜花香气，幽雅悦鼻
		高锐：香气高而饱满、持久
		清高：清香高爽，持久
		鲜灵：花香新鲜饱满，高锐愉悦（多用于高档茉莉花茶）
滋味		鲜嫩：鲜爽，回味隽永
		清鲜：清香鲜爽
		鲜爽：鲜洁爽口
		鲜醇：鲜洁醇厚
		鲜浓：鲜爽浓厚
		醇爽：醇和鲜爽
		醇厚：入口爽适，有黏稠感
		浓醇：入口浓，有收敛性，回味爽适
		回甘：舌根和喉部有甜味感

续表 9-3

项　目	评　语
叶底	细嫩：芽叶细小嫩软 肥嫩：芽叶肥壮，叶质柔嫩厚实 柔软：软如绵，揿后芽叶易贴于盘底 匀：老嫩、大小、整碎、色泽均匀一致 肥厚：芽叶肥壮，叶质厚实（多用于大叶种） 鲜亮：色泽鲜艳明亮 明亮：色泽明亮 嫩绿：叶质细嫩，色泽浅绿明亮 嫩黄：色泽浅绿透黄，黄中泛白，亮度好

表 9-4　优质红茶评语

项　目	评　语
外形	显毫：芽尖毫毛多，多用"金（橙）毫满披"描述 披毫：条索布满茸毛 细紧：条索细紧完整
干茶色泽	乌润：色乌黑油润，富光泽 乌黑：色乌黑鲜活，有光泽
汤色	红艳：汤红浓，鲜艳明亮，金圈厚、呈金黄色 鲜艳：鲜明艳丽，清澈明亮 红亮：红而透明，有金圈（红亮富金圈） 冷后浑：茶汤呈现的乳状浑浊现象，又称乳凝（多半是大叶种）
香气	浓爽：香气高长，带花香（玫瑰香）或甜香 甜香：香气高，具有甜味感 祁门香：鲜嫩甜香，似蜜糖香或果香
滋味	浓强：味浓，具有鲜爽感，刺激性和收敛性强（多半是大叶种） 鲜爽：鲜洁爽口 鲜浓：浓厚鲜爽 浓甜：味浓而甜，富有刺激性 甜醇：入口有甜感，爽适柔和 甜爽：爽口有甜味
叶底	嫩匀：叶质细嫩匀齐，色泽一致 肥厚：芽叶肥壮，叶质厚实，有弹性（多半是大叶种） 红亮：红而鲜亮 红匀：色红深浅一致 紫铜色：似紫铜颜色，色泽明亮

表 9-5　优质乌龙茶评语

项　目	评　语
外形	蜻蜓头：叶端卷曲，形如蜻蜓头，茶条紧结重实 壮结：茶条肥壮结实 扭曲：茶条扭曲，叶端皱折重叠（闽北乌龙特征） 浑圆：条索圆，匀整重实 砂绿：似蛙皮绿，即绿中带有砂粒状点 绿润：色绿而鲜活，富光泽（用于清香型乌龙茶）
汤色	金黄：汤清澈，以黄为主，略带橙色 橙黄：黄稍带红，似橙色或橘黄色 蜜黄：浅黄似蜂蜜色
香气	馥郁：香气幽雅饱满，花果（蜜）香持久（馥郁幽长） 浓郁：香气丰富（饱满），花果（蜜）香持久 花蜜香：花香中带有蜜糖香 果香：浓的熟水果香（如蜜桃香） 奶香：香气清高细长（多为较嫩鲜叶加工）
滋味	浓郁：味浓，有收敛性，回味甘爽（浓郁甜长） 醇厚：鲜爽，回味甘，有刺激性（醇厚回甘） 浓厚：味浓不涩，纯而不淡，浓醇适口，回味清甘（浓厚甘鲜）

表 9-6　优质白茶（银针茶）评语

项　目	评　语
外形	单芽肥壮匀整如针，满披白毫，色白如银
汤色	杏黄清澈
香气	毫香清鲜
滋味	清爽带甜
叶底	多毫，肥嫩柔软，亮丽

四、各茶类评分系数

按GBT 23776—2018标准，摘录于表9-7。

表 9-7　感官审评评分系数（权数）

单位：%

茶　类	外　形	汤　色	香　气	滋　味	叶　底
名优绿茶	30	10	25	25	10
工夫红茶	35	10	20	20	15
乌龙茶	15	10	35	30	10
黄茶	30	10	20	30	10
白茶	20	10	30	30	10
普洱茶	20	10	30	30	10

（参考：茶叶品质按优、中、次分为3档，分别以94、84、74为中准分，可以根据品质情况进行增减，幅度不超过4分。一般是：总分≥94分为特优，93～90分为优，89～86分为良，85～80分为中等，＜80分为差。）

第二节　科学饮茶

一、防止摄入有害物质

（一）茶叶为什么易造成农药和污染物残留？这与茶叶的特性有关系

（1）茶树是多年生常绿植物，环境污染物在茶园和茶树中的蓄积具有逐年积累的特点。

（2）茶树有较大的叶面积，在使用同样剂量的农药和空气中有同等污染物情况下，会有较高的原始沉积量。

（3）茶树一年多次采摘，与其他农作物相比，喷施农药后安全间隔期短，农药降解时间少。

（4）茶叶不洗涤直接加工，饮用时又直接浸泡，茶叶中残留农药和污染物或多或少地会进入到茶汤。

（二）茶叶要防止哪些有害物质

茶叶中铅、农药残留和大肠菌群检出限量值在国标GB 2763—2019中已有明确规定（表9-8）。一般在允许范围内的饮用都是安全卫生的。

表 9-8 茶叶中铅、农药残留和大肠菌群检出限量值

项目（mg/kg）	GB 2763—2019	项目（mg/kg）	GB 2763—2019
铅（以 Pb 计）（1/1000000）	5	吡虫啉	0.5
虫螨腈	20	多菌灵	5
氟氯氰菊酯	1	六六六	0.2
联苯菊酯	5	DDT	限用或禁用
甲氰菊酯	5	丁硫克百威	禁用
氰戊菊酯	0.1	乙酰甲胺磷	禁用
茚虫威	5	氧化乐果	禁用
敌百虫	2	草甘膦	1
杀螟硫磷	0.5	草铵膦	0.5
		百草枯	限用或禁用
三氯杀螨醇	0.2	每100g 茶叶大肠菌群数	≤ 300 个

1. 农药残留

目前，我国大部分茶叶农药残留水平在限量值以下。需要说明的是，茶叶农药超标一般是指干茶样超标，不等于茶水中农药也超标。检测单位检测的是干茶样（固态物），而饮用的是茶水（液态），由于绝大部分农药是酯溶性的，即不溶解于水，所以茶叶中即使有农药，也很少进入茶汤。

2. 重金属

茶叶中铅（以Pb计）的限量值是5mg/kg。茶树新梢不同部位的铅含量有明显差异，从表9-9来看，一般都低于限量值，但细嫩芽叶比粗老茎叶要低，所以喝幼嫩叶茶可以防止或减少铅的摄入。

表 9-9 茶树新梢不同部位的铅含量

新梢部位	嫩 茎	芽	第1叶	第2叶	第3叶	第4叶	第5叶
mg/kg	1.7	0.9	1.4	1.6	1.2	1.5	1.9

3. 氟

人体过量氟的摄入会引起氟中毒，如造成骨质疏松、黄斑牙等。茶树芽叶中氟的含量为32～390mg/kg，粗老叶中氟含量一般较高，有些高达1000mg/kg（表9-10）。氟极易溶于水，所以不要长期饮用氟含量超过600mg/kg的茶［世界卫生组织规定2.5～4.0mg/（人·日），中国规定4.0mg/（人·日）］。

表9-10　茶树新梢不同部位氟含量

新梢部位	嫩 茎	芽	第1叶	第2叶	第3叶	第4叶	第5叶
mg/kg	33.4	35.2	149.6	248.8	347.8	457.2	540.0

4. 高氯酸盐

高氯酸盐是一种持久的有毒物质，它是如何进入茶叶的目前还不很清楚。据推测，茶树使用化学肥料，灌溉用工业废水、自来水，使用含氯消毒剂以及包装材料等，都可能是茶叶高氯酸盐的污染源。由于人体的甲状腺会吸收高氯酸盐，并受其影响而减少对碘的吸收，进而扰乱新陈代谢，危害健康。单次摄入食品和水中的高氯酸盐对健康影响不大，但长期摄入对人体有危害。欧洲食品安全局建议，茶叶中高氯酸盐限量在0.55～0.58mg/kg。所以不要喝高氯酸盐含量高的茶叶。

5. 蒽　醌

蒽醌物质在自然界多种植物中存在，茶叶中也有微量蒽醌。目前，出口茶定的指标是0.02mg/kg。茶叶加工过程中燃煤和烧柴禾产生的烟尘是蒽醌的主要污染源。另外，纸质包装材料中的蒽醌也是污染源之一。原来，纸厂为了提高产纸率，加大蒽醌的投量，用这样的纸包装茶叶，尤其像普洱茶、砖茶一类长时间用纸包裹的茶叶，很容易导致蒽醌污染。因此，加工过程中尽量做到清洁化生产，做到鲜叶不落地，改燃煤、烧柴为用电、天然气，避免炉灶机具漏烟。另外，采用不含或较低蒽醌含量的包装纸包装茶叶（包括外包装纸箱）。尽量不喝有烟味的茶。

二、科学饮茶

（1）喝新茶，因功能性成分最多。在正常储藏条件下，一般绿茶不超过1年，红茶、乌龙茶不超过2年，白茶、黑茶、熟普洱不超过3～5年，生普洱不超过6～8年。时间长，内含物减少，口感差，亦易滋生有害微生物。

（2）尽量饮用春茶，不仅品质优，而且没有或很少有农药残留。

（3）用沸水洗茶，可减少茶叶表面的灰尘、农药。对有可能重金属超标的茶叶，用较低水温冲泡，防止重金属析出。不吃茶渣，因大部分重金属都在叶底中。

（4）冲泡次数不宜多，茶经过3次冲泡后，约90%的可溶性成分都已进入茶汤，再多次冲泡，会将重金属和难溶的农药析出，饮后对身体不利。

（5）随泡即饮，不饮长时间浸泡的茶和隔夜茶，前者饮用价值不高，后者易滋生有害微生物。

（6）勤洗茶具，清除含有砷、汞、镉、铅等多种有害重金属的茶垢，保持茶具清洁卫生。

（7）失眠症、贫血、儿童、孕妇、乳母等特殊人群，宜喝清淡茶或不饮茶。

附：

无性系品种适制茶类参考表

（※ 为主要适制茶类）

省（区、市）	品种	绿茶					红茶	乌龙茶	白茶
		扁形	毛峰（尖）形	卷曲形	月牙形	针形			
浙江	龙井43	※				√			
	中茶108	※				√			
	中茶302				√	※			
	白叶1号	√			※（凤形）				
	嘉茗1号	※	√						
	浙农113		※		√				
	浙农117	※			√		√		
	杭茶21	※			√				
	迎霜		√	※			√		
	茂绿		√			※			
	鸠16	※				√			
	春雨2号					※	√		
	径山2号	√	※		√				

续表

省（区、市）	品种	绿茶					红茶	乌龙茶	白茶
		扁形	毛峰（尖）形	卷曲形	月牙形	针形			
浙江	香山早1号	※			√		√		
	磐茶1号	√	※		√		√		
	中白1号		※			√			
	中黄1号	√	※				√		
	中黄2号	√	※				√		
	中黄3号	√	※						
	黄金芽	√	※			√			
江苏	锡茶5号		√	※					
	苏茶早	※				√			
	苏茶120					※	√		
	槎湾3号		√	※		√			
安徽	安徽7号		※	√			√		
	凫早2号		※			√	√		
	舒茶早			※		√			
福建	福鼎大白茶		※	√	√		√		※
	福鼎大毫茶		√	√					※
	政和大白茶						√		※
	福云6号		※	√					
	武夷十大名丛							※	
	大红袍							※	
	福建水仙							※	√
	肉桂							※	
	铁观音							※	
	黄棪		√				√	※	
	毛蟹						√	※	
	梅占			√			√	※	
	金观音						√	※	
	金牡丹						√	※	

续表

省 （区、 市）	品种	绿茶					红茶	乌龙茶	白茶
		扁形	毛峰（尖）形	卷曲形	月牙形	针形			
福建	白芽奇兰						√	※	
	丹桂							※	
湖南	白毫早	※							√
	碧香早	※				√	√	√	
	湘红茶 2 号						※	√	
	保靖黄金茶 1 号	√		※					
湖北	鄂茶 1 号	※					√		
	鄂茶 4 号	√					※		
重庆	巴渝特早	√				※			
	渝茶 4 号					※			
四川	川茶 2 号	√				※			
	早白尖 5 号				√	※	√		
	名山特早 213	√	√			※			
	名山白毫 131		√	※					
	蒙山 5 号			√		※			
贵州	黔湄 601		√		※		√		
	黔湄 809		※				√		
	黔茶 1 号	※		√			√		
云南	云抗 10 号		√				※		
	云抗 14 号		√				※		
	长叶白毫		√						※
	佛香 3 号		※						
	云茶 1 号		√				※		
	普茶 1 号					※	√		√
	普茶 2 号		√				※		
	清水 3 号		√				※		
	紫娟						※		
河南	信阳 10 号		※						

续表

省（区、市）	品种	绿茶					红茶	乌龙茶	白茶
		扁形	毛峰（尖）形	卷曲形	月牙形	针形			
江西	大面白			※	√		√	√	
	宁州 2 号		√				※		
	庐云 1 号		※		√				
广东	英红 9 号		√				※		
	乐昌白毛 1 号		√				√		※
	凤凰十大单丛						√	※	
	岭头单丛		√				√	※	
	鸿雁 9 号		√					※	
	银花香单丛							※	
广西	桂绿 1 号	※					√		
	桂香 18 号					※	√	√	
陕西	陕茶 1 号		※	√	√				
山东	鲁茶 1 号		※	√					
	崂山 1 号		※	√					
台湾	青心乌龙		√					※	
	青心大冇		√				√	※	
	金萱							※	
	翠玉							※	

主要参考文献

[1] 陈宗懋, 杨亚军. 中国茶经[M]. 上海: 上海文化出版社, 2011.

[2] 梁明志, 田易萍. 云南茶树品种志[M]. 昆明: 云南科技出版社, 2012.

[3] 罗立凡. 浙江名茶图志[M]. 北京: 中国农业科学技术出版社, 2021.

[4] 王镇恒, 王广智. 中国名茶志[M]. 北京: 中国农业出版社, 2000.

[5] 杨亚军, 梁月荣. 中国无性系茶树品种志[M]. 上海: 上海科学技术出版社, 2014.

[6] 虞富莲. 中国古茶树[M]. 昆明: 云南科技出版社, 2016.

[7] 中国茶树品种志编写委员会. 中国茶树品种志[M]. 上海: 上海科学技术出版社, 2001.